ChatGPT来了

语言科学如何看待ChatGPT

杨 旭
[美]罗仁地 | 主编

上海教育出版社
SHANGHAI EDUCATIONAL
PUBLISHING HOUSE

U0120542

图书在版编目（CIP）数据

ChatGPT来了：语言科学如何看待ChatGPT / 杨旭，
(美) 罗仁地主编. — 上海：上海教育出版社，2024.1（2024.6重印）
ISBN 978-7-5720-2455-9

Ⅰ.①C… Ⅱ.①杨… ②罗… Ⅲ.①人工智能 – 应用
– 自然语言处理 – 研究 Ⅳ.①TP391

中国国家版本馆CIP数据核字(2024)第03142号

责任编辑　毛　浩
封面设计　周　吉

ChatGPT来了：语言科学如何看待ChatGPT
杨　旭　[美] 罗仁地　主编

出版发行　上海教育出版社有限公司
官　　网　www.seph.com.cn
地　　址　上海市闵行区号景路159弄C座
邮　　编　201101
印　　刷　上海龙腾印务有限公司
开　　本　700×1000　1/16　印张21
字　　数　250 千字
版　　次　2024年3月第1版
印　　次　2024年6月第2次印刷
书　　号　ISBN 978-7-5720-2455-9/H·0081
定　　价　80.00 元

如发现质量问题，读者可向本社调换　电话：021-64373213

前　　言

　　我们是语言学家，因此ChatGPT爆火之后，我们特别关注语言学界的反应。ChatGPT基于大型语言模型（large language model，LLM），引起语言学界的注意是很正常的，国内外很多语言学家通过传统或非传统渠道各抒己见。我们在关注这些声音的同时，也主动发出了自己的声音，比如本书编者之一杨旭所在的武汉大学文学院于2023年2月15日组织了"ChatGPT来了：人工智能如何改写人文社会科学的教学与研究"圆桌论坛（李昱博士发起，讨论结果见《写作》杂志2023年第2期），2023年12月21日又组织了"生成式AI背景下人文学科的教与研"座谈会（杨旭博士发起）；本书编者之一罗仁地组织的"意义创造论读书会"也发起了一期围绕ChatGPT的讨论（发起人为浙大城市学院姚洲博士）。

　　我们最初想把副标题定为"语言学（家）如何看待ChatGPT"，但在编写过程中发现"语言学（家）"的范围越来越大：只要是关心ChatGPT语言问题的专家学者，不管出自哪个学科领域，都是我们想要囊括的对象。这就不单单是"语言学"了，而是更上位的"认知科学"（或者说关心语言问题的语言科学），包括计算机科学、哲学、心理学、神经科学、语言学、人类学等。考虑到大家还是会狭义地理解"语言学"（如莫滕·克里斯蒂安森在回信中说："想要提醒的是，我们不是语言学家，而是关心语言的认知科学家。"），因此我们放弃了这个副标题，改为"语言科学如何看待

ChatGPT"。

我们列了一个表格，把想要联系的作者分为两类：一类是文章已经发表的作者，需要取得授权；一类是文章未发表过的作者，但他们在各种场合发表过对 AI 或 ChatGPT 的看法，需要专门约稿。我们抱着试一试的心态发出第一波邮件，让我们备受鼓舞的是，很多学者给出了正面回应。比如，陆俭明先生很快接受了我们的约稿，但说最近手头任务比较多，可能会推迟几天（但实际上是最早交稿的）。内奥米·巴伦教授则说："你们关于 ChatGPT 的书会对使用人工智能进行写作和编辑的讨论作出有益贡献。"学者的快速回应给我们打了一针强心剂。

我们也遇到了一些困难。首先，要编写这样一本书，最麻烦的是版权问题。对于获得授权的文章，我们全文收录；对于未获得授权或不宜全文收录的文章，则在"更多资料"部分做了简要介绍。

其次是国外和国内声音的比例失衡。我们力图把这本书编得"国际化"一些，但是在收集到足够的国外文章之后，发现国内的文章较少。这种不平衡源于中外学者不同的学术习惯。外国学者热衷于通过各种渠道发表观点，这些渠道包括网站、博客、采访、社交媒体等。这种做法的好处在于：写作风格可以轻松随意，可读性强，受众面广；原创观点可以快速地基于知识共享许可协议得到传播；可以及时得到其他学者的反馈，并针对反馈进行更新或回应；不牺牲专业性，因为可以通过超链接提供专业论文。中国学者也通过非传统渠道发表观点，但相对而言比较少，更多的还是通过传统渠道（包括期刊、报纸等）发表之后再转发至微博或微信公众号，这明显不适用于这种热点问题的讨论。

我们只能通过约稿来克服第二个困难，但当我们想要联系一些作者时，却发现找不到联系方式。国外学者大多有自己的个人网页，除了所在大学或机构网站的个人页面，还包括专门的个人网站（如乔姆斯基的CHOMSKY.INFO）；这些网页上面往往列了其他链接（包括大学网页、推特、博客、领英等），形成了交互索引。中国学者大多只有所在大学或机构的个人页面，很多没有提供个人电子邮箱，我们都是通过其论文或者中间人找到电子邮箱。我们发送了邮件之后，大部分杳无音信，我们无法确认是邮箱弃用了，还是作者婉拒了约稿。我们尽可能地平衡国内和国外的比例，诚如约稿信中所写，我们希望"在本书中展现更多中国语言学家的声音"。

这本书能顺利出版，要感谢很多人。在编写这本书的时候，正是编者之一（杨旭）比较迷茫的一段时间，与国内外学者的对话，使编者摆脱了这种消极状态。要感谢国内外学者的授权和鼓励，如果不是他们同意授权或者提交最新的稿件，这本书根本无从说起。很多学者在回复中表达了对此书的兴趣和期待，如安德鲁·兰皮宁（Andrew Lampinen）说，"听起来这是本很有用的书，出版之后请与我分享更多信息"，施春宏教授说这是一项"有意义的活动"。还要感谢参与的同学们，包括曾燕怡、丰晨昱、刘晓丽、伍照玲、徐港、张丽梅、张婷婷、周冰、朱浩瑷，他们参与了编者（杨旭）组织的"构式语法读书互助组"。最后尤其要感谢毛浩编辑，我们的想法得到了他快速热情的回应，也是他最终促成了这个选题的通过；而在之后的编辑校对流程中，其巨细无遗的认真态度，让编者感到敬重的同时，也感到十分惭愧。

迈克斯·泰格马克（Max Tegmark）在《生命3.0》中说道："（人工智能的）这些挑战超越了所有的传统边界——既超越了专业之间的藩篱，也跨越了国界。"得益于ChatGPT的大火，各个领域关心语言的专家都汇集在了本书中。我们希望这本书能促进专业之间、国家之间的深度交流！当然，由于时间仓促，这本书肯定遗留了不少问题，希望读者发现之后能及时联系我们（yangxu1216@foxmail.com）。

编者

2023 年 6 月 1 日初稿

2024 年 1 月 1 日定稿

目　　录

ChatGPT

语言学家可以为人工智能提供重要支持

ChatGPT 是由 OpenAI 开发的一个人工智能聊天机器人，于 2022 年 11 月发布。它建立在 OpenAI 的 GPT-3.5 和 GPT-4 系列大型语言模型之上，并使用监督和强化学习技术进行了微调（一种转移学习的方法）。ChatGPT 于 2022 年 11 月 30 日作为原型推出，并因其在许多知识领域的详细回应和清晰的答案而获得关注。然而，其不均衡的事实准确性被认为是一个重要的缺点。2023 年，在 ChatGPT 发布后，OpenAI 的估值为 290 亿美元。ChatGPT 的最初版本是基于 GPT-3.5 的，基于 GPT-4 的版本于 2023 年 3 月 14 日发布，并向付费用户提供服务。

在编者看来，ChatGPT 也是一名语言学家。它掌握了大量的语言相关知识，比如（以汉语为例）汉语拼音方案、汉字书写系统等基本知识，常用字词、短语、成语、句子等词汇语法知识，以及中国社会、文化、地理、历史等百科知识。为此我们对作为语言学家的 ChatGPT（基于 GPT-3.5 的版本）做了采访（2023 年 4 月 15 日）。

编者：你的语言学知识如何？

ChatGPT：作为一个基于 GPT-3.5 架构的大型语言模型，我受到了广泛的语言学知识训练，包括语法学、句法学、词汇学、语音学、语用学等方面的知识。

编者：你可以在接下来的对话中扮演语言学家的角色吗？

ChatGPT：是的，我可以尝试在接下来的对话中扮演一个语言学家的角色，并回答有关语言学方面的问题。

编者：在你的诞生过程中，语言学家或语言学扮演了什么角色？

ChatGPT：作为一个基于GPT-3.5架构的语言模型，在我的诞生过程中，语言学家和语言学领域发挥了非常重要的作用。在我的训练过程中，大量的语言学数据和知识被用于训练模型，以使我能够自然地理解和生成人类语言。

语言学家们为我的训练提供了语言学理论和知识，包括语法、词汇、语音和语用等方面的知识。在我的开发中，他们还为我提供了许多有关人类语言和语言使用的数据和语料库，这些数据和语料库用于训练我对语言的理解和生成。

此外，在我的开发过程中，语言学家们还提供了重要的反馈和评估，以帮助我的改进和优化。他们评估我生成的文本的质量、准确性和流畅度，并为我的改进提供了重要的反馈和建议。

因此，我可以说，在我的诞生过程中，语言学家和语言学领域发挥了至关重要的作用，并对我的能力和性能作出了巨大的贡献。

编者：请问，在你的诞生过程中，有哪些具体的语言学知识和语言学家发挥了重要作用？

ChatGPT：作为一个计算机程序，我没有具体的诞生过程，但是语言学对我的训练和开发起到了至关重要的作用。以下是一些具体的语言学知识和语言学家，在我的开发过程中发挥了重要作用：

• 句法学：研究句子的结构和组成，对我的自然语言处理能力有重要影响。其中，著名的语言学家有诺姆·乔姆斯基（Noam Chomsky）等。

• 语义学：研究词汇和句子的意义，对我理解和生成自然语言有重要帮助。其中，著名的语言学家有冯·赖特（Georg Henrik von Wright）[①]等。

• 语用学：研究语言的使用和交际，对我理解和生成自然语言有重要帮助。其中，著名的语言学家有保罗·格莱斯（Paul Grice）等。

• 语音学：研究语音的产生、传播和感知，对我的语音识别和语音合成能力有重要帮助。其中，著名的语言学家有亨利·斯威特（Henry Sweet）等。

这些语言学知识和语言学家为我的开发提供了理论基础和实践指导，为我实现自然语言处理提供了坚实的基础。

编者：你是否觉得你的诞生威胁到了语言学或语言学家的地位？

ChatGPT：作为一个AI模型，我没有能力判断或感知人类的情感或自我价值，也没有意识或情感体验。因此，我不认为我的诞生会威胁到语言学或语言学家的地位。相反，我是由语言学知识和语言学家们的工作驱动和训练的。我的存在是为了更好地辅助人们使用语言，并且不断学习和进步，以更好地服务人类社会。

编者：我之所以这么问，是因为有一句话流传甚广："每当我们解雇一名语言学家，我们的系统都会变得更准确。"

ChatGPT：我了解这句话。这是一个经典的例子，旨在强调语言技术的重要性和发展。然而，这个说法也有一定的局限性，因为它没有考虑到

---

① 冯·赖特是芬兰哲学家，于1948年接替维特根斯坦担任剑桥大学教授，是20世纪最杰出的欧洲哲学家之一。一般我们不把他当作语言学家，但不知为何ChatGPT会做出这种判断。

语言学家和自然语言处理技术之间相辅相成的关系。

语言学家们在不同领域的研究中发现了很多关于语言的规律和模式，例如语法、句法、语义和语用等。这些规律为自然语言处理技术的发展提供了基础和灵感。同时，自然语言处理技术的应用也在一定程度上促进了语言学的发展，例如语料库语言学、计算语言学等新的研究方向的出现。

因此，我认为语言学家和自然语言处理技术之间应该是相互支持和协作的关系。虽然技术的发展可能会在一定程度上替代一些传统的语言学工作，但在很多情况下，技术和人类的专业知识是互补的，可以一起为更好地理解和使用语言作出贡献。

编者：有一篇论文认为，"现代语言模型驳斥了乔姆斯基语言学"，你认同这种观点吗？①

ChatGPT：作为一个 AI 模型，我并没有感情和观点，只能根据已有的数据和算法来做出回答和预测。因此，我不会认同或否认论文中的观点，但我可以尝试给出一些解释和背景。

论文中的观点是，现代语言模型的表现说明了乔姆斯基的语言学理论不完全正确，尤其是他关于语言是由一个内在的基因或语言器官决定的观点。这些语言模型通过训练来学习语言的规律和模式，而不是依靠内在的基因或器官。

虽然这些语言模型可以处理大量的语言任务，并表现出令人印象深刻的性能，但它们仍然有很多局限性。例如，它们可能无法理解人类语言使用中的歧义、语境和隐喻等方面，也可能受到数据偏差和训练数据的限制。

---

① 这篇文章发表于 2023 年，因此 ChatGPT 无法获取这篇文章的内容，但它仍然煞有介事地给出了回答。

因此，虽然现代语言模型可以提供有用的信息和见解，但它们并不能完全取代语言学家的研究和分析。

总之，语言模型和语言学家的角色是不同的，它们可以互相补充，而不是替代彼此。因此，我认为不能简单地将语言模型的表现和语言学家的角色相提并论，而应该看作是两者在不同方面发挥作用，有着不同的优缺点。

编者：你觉得你在所采用的语言的多样性上存在问题吗？是否存在英语中心主义，威胁或忽视了其他语言？

ChatGPT：作为一个计算机程序，我不具备自己选择或决定采用的语言的能力，因为我只能使用我所接受的数据和语言模型。因此，我不会有英语中心主义的倾向，因为我在我的训练数据中包含了多种语言的文本数据。我的开发者们会尽力确保我的训练数据和语言模型涵盖尽可能多的语言和语言变体，以便我可以在跨文化和多语言环境中发挥最大作用。

然而，我也承认，在大部分技术、科学和学术领域，英语仍然是最为普及和通用的语言，这也导致了大量研究和文献使用英语进行记录和发布。这可能会导致其他语言的资源不足或无法平等地获得相应的研究资金和支持。因此，我们需要注意到这个问题，努力支持多元化和包容性，尊重和促进各种语言的平等发展和使用。

编者：你的中文水平相比你的英文水平如何？我发现你的回答有时候是查找了英文数据，然后翻译为中文。

ChatGPT：作为一个机器学习模型，我的语言水平在各种语言之间是基本相同的，不会因为语言不同而有所区别。不过，我需要指出的是，我的训练数据集主要来自英文语料库，因此在处理英文方面会更加得心应手，但我也会尽力理解和回答其他语言的问题，包括中文。如果我的回答需要查找相关数据或知识，我会尽可能使用对应语言的资源，而不是只依赖英文数据。当然，我的语言能力仍然有待提高，我会不断学习和改进自己的技能，以更好地为您服务。

编者：你知道语用学这个领域吗？有的语言学家指出，你的语用能力欠缺，比如理解幽默、反讽、情感、委婉、言外之意等的能力。

ChatGPT：是的，我了解语用学这个领域。语用学研究的是语言在实际交际中的使用，包括语境、语用关系、话语行为等。相对于我的自然语言生成和理解能力，我的语用能力确实还有待提高，特别是在处理涉及文化差异、隐喻、双关语、口头禅等方面，我可能会出现一些理解或生成错误。但我会不断地接受反馈和学习，提高自己的语用能力。

编者：你输出的语言主要是书面的，但是语言有很多信息或微妙含义是通过副语言、非语言（又叫多模态）来表达的，因此有人认为你的语言能力仍然比较差。

ChatGPT：这是一个很有意思的观点，我同意这个观点。尽管我能够理解和生成书面语言，但我确实缺乏处理副语言和非语言信息的能力。比如，我无法分辨一句话是被说者以肯定的语气说出来的还是以反讽的语气说出来的。同样，我也无法感知和传达非语言信息，如面部表情、身体语言和语调等。这些都是人类交流中非常重要的方面，因此我无法完全取代人类的交流方式。

编者：另外，真实的语言都存在很多的不完美，比如停顿、插入语、修补、啰嗦等，但是你的语言太完美了，你可以产生不完美的语言吗？

ChatGPT：作为一个自然语言生成模型，我被训练为尽可能生成流畅、准确、规范的语言输出，这样才能更好地为用户提供帮助。但是，我也可以被编程为模仿人类在说话或写作时的"错误"或不完美，比如加入一些停顿、插入词、修补、啰嗦等，以此模拟真实的语言表达方式。这需要程序员在编程时有意识地加入相应的算法和技巧。

编者：还有语言学家批评，比如你现在虽然在和我说中文，但你的语言底层或背后的思维仍然是英文的，包括篇章的衔接、对问题的思维习惯等，原因在于你的大部分语料都是英文的，所以你产生了英语思维的垄断。

ChatGPT：这是一个很有趣的问题。我所使用的语言模型在训练时，确实主要是使用了英文语料库，因此在某些方面可能受到英语思维的影响。但是，我也接受了其他语言的训练，并在不断地学习和更新自己的知识库，以提高我的多语言能力。

此外，我会尽力避免使用具有文化、地域或语言偏见的词汇和短语，以确保我的回答不会偏袒任何一种文化或语言。我认为，作为一个智能语言模型，我需要尊重并反映出世界上各种不同的语言和文化。

编者：在将来的人工智能或聊天机器人的发展中，语言学家可以扮演什么角色？

ChatGPT：在未来的人工智能和聊天机器人发展中，语言学家可以扮演多种角色，以下是其中几个可能的角色：

1. 语言技术咨询顾问：语言学家可以为语言技术公司提供专业意见和建议，帮助它们开发更有效和可靠的语言技术。

2. 数据标注和语料收集：语言学家可以帮助收集和标注大量的语料，以便训练自然语言处理模型。这个过程需要语言学家具备对语言的深刻理解和精细的标注能力。

3. 语言模型的设计和改进：语言学家可以与工程师合作，设计和改进语言模型。他们可以提供语言学的见解和专业知识，指导模型的设计和改进，以便更好地符合人类语言的规律和特点。

4. 质量控制和语言测试：语言学家可以负责测试和审核人工智能或聊天机器人的语言输出质量。他们可以使用专业知识和语言技能来评估系统的语言能力，并提出改进建议。

总的来说，语言学家可以为人工智能和聊天机器人的发展提供重要的支持和帮助。他们可以将语言学的专业知识与计算机科学和工程技术相结合，共同推动语言技术的发展，为人类带来更好的语言交流体验。

安德鲁·兰皮宁
从语言模型来反思能力和表现的区分①

安德鲁·兰皮宁（*Andrew Lampinen*），*DeepMind*公司②高级研究科学家。研究兴趣包括认知灵活性和概括，以及语言、记忆和具身性等如何促进这些能力。他经常从认知科学中汲取灵感来构建更好的人工智能，还使用认知科学的方法和范式来研究人工智能系统的行为。

最近关于语言模型可以做什么和不可以做什么的讨论，凸显了认知科学、语言学等领域关于人类能力的一些重要问题，以及如何在模型中测试它们。

能力是什么意思？有时我们认为，它指的是某人可以稳健地完成任务（而非运气），其间可以犯错，但我们不会因此而否定能力。

语言学家通常遵循乔姆斯基（Noam Chomsky）的观点，强调表现和能力之间的区别——表现出错并不一定意味着缺乏潜在能力。例如，语法错误可能只是口误。

当然，这可能会使能力变成几乎无法证伪的东西，因此这一观点受到了批评。但是在这里，我想强调一个与之相关但截然不同的问题：对人类

---

① 原文标题：*Reflecting on the distinction between competence and performance in terms of language models*。
② DeepMind公司为Google旗下前沿人工智能企业。

和机器的失败表现，会有不同的解释或解读。[①]

具体来说，语言学家可能会将人类的失败归咎于表现而非能力，但是他们却会基于单个模型的偶然失败而认为语言模型存在本质上的缺陷，尽管在其他情况下有成功的案例。

当然，在某些情况下，语言模型会表现出更系统性的而非零散性的问题。但比较起来仍然很微妙，需要考虑系统是在什么情况下被评估的。

例如，我最近指出，一些关于语言模型在中心嵌套方面缺乏人类能力的说法可能具有误导性，因为提供给这些语言模型的上下文语境和训练都比人类少，如果提供的话，语言模型的表现就会更好。

但是问题还不在这里。语言能力的观点通常基于有倾向性的、"奇怪的"样本，[②]甚至倾向性很强，比如样本是语言学家自己的判断。

但是判断的结果在其他人群中可能会有所不同。例如，语言学家和更广泛的社群并不总能在语法合法性的判断上达成一致！而这些分歧又恰好出现在语言模型表现不佳的"边缘"句子上。[③]

这一问题之所以相关，是因为被训练的语言模型并不是简单地模仿语言学家在实验室环境中所做的判断。它们被训练用来模仿互联网上更广泛的语言分布，包括来自许多人口和来源的不合语法的迷因（meme）[④]。

---

① Firestone, C. Performance vs. competence in human–machine comparisons[C]//Proceedings of the National Academy of Sciences, 2020, 117(43), 26562–26571.

② 参见：Andringa, S., & Godfroid, A. Sampling Bias and the Problem of Generalizability in Applied Linguistics[J]. Annual Review of Applied Linguistics[J]. 2020,40: 134–142.

③ 参见：Dąbrowska, E. Naive v. expert intuitions: An empirical study of acceptability judgments[J]. 2010, 27(1): 1–23.

④ "迷因"出自英国生物学家理查德·道金斯的《自私的基因》一书，用来描述通过模仿在人与人之间传播的文化现象，如思想、行为、风格或用法；在网络上则表示搞笑或有趣的图片或视频。——译者注

因此，当语言模型无法按照规定的语言规则执行时，是意味着语言模型缺乏能力呢，还是说它成功地模仿了互联网上实际使用语言的广泛方式呢？

这些问题超越了语言学的范畴。例如，当问题包含某些频繁出现的实体时，语言模型的回答更准确。这被拿来作为语言模型"并非真正推理"的证据，但类似的效应在人类中也有充分的文献记录！

事实上，正如我们在另一篇论文中展示的那样，语言模型能够重现人类推理中几个经典的内容频率/可信度效应（content frequency/plausibility effect）。

因此，仅仅将语言模型的失败归咎于缺乏能力，而不考虑这些模型所模仿的人类表现的全部范围，可能会误导人们。但这也为我们提供了一个机会来反思表现和能力之间的区别。

特别是我们可以思考人类是否真正拥有像"递归""语法"或"推理"这样的能力，还是说这些更多的只是临时的能力，正如我们在边缘句子中出现系统性错误所暗示的那样。

总之，表现和能力的区别会产生问题，特别是当它被用于不同的系统时。考虑这些问题将有助于我们更好地理解这两个系统。

不要轻信偶然失败的报告，尤其是在没有仔细匹配实验方法的情况下。请考虑在同样情况下，如果人类犯错，你会作何评价？

感谢阅读！如果您对更多的讨论感兴趣，请参见论文《语言模型能够处理递归嵌套的语法结构吗？》。①

（刘晓丽 译）

---

① Can language models handle recursively nested grammatical structures? A case study on comparing models and humans[EB/OL]. https://arxiv.org/abs/2210.15303.

更多资料

◆ 安德鲁·兰皮宁在参加 NeurIPS2022 时接受 YouTube 频道 Machine Learning Street Talk 采访，讨论了自然语言理解、符号意义、符号接地以及乔姆斯基等问题。

◆ 2023 年 3 月 23 日，安德鲁·兰皮宁接受 UCL DARK 邀请做了一场演讲，比较了语言模型与人类在推理和语法之间的不同。

巴勃罗·卡伦斯　莫滕·克里斯蒂安森
大型语言模型展示了语言统计学习的潜力①

巴勃罗·卡伦斯（*Pablo C. Kallens*），美国康奈尔大学心理学系博士生，康奈尔大学认知神经科学实验室和加州大学洛杉矶分校共同心智实验室成员。主要研究兴趣为现代文化，特别是通过符号使用、语言和范畴化改造的人类认知基础。

莫滕·克里斯蒂安森（*Morten H. Christiansen*），丹麦认知科学家，美国康奈尔大学心理学系教授、认知科学项目联合主任，哈斯金斯实验室高级科学家，丹麦奥胡斯大学传播与文化学院教授。

至少从乔姆斯基（Chomsky, 1959）对斯金纳（Skinner, 1957）的开创性批判以来，语言学习是否可以仅在经验中实现，或者是否需要先天的语法知识，一直是语言研究的核心问题。近几十年来，这场辩论的双方大致形成两个阵营（综述见 Dąbrowska, 2015）。一方面，一些方法强调领域专用（domain-specific）、类似规则的表征或计算，它们至少有部分是硬性的，会在习得过程中根据个人的语言环境作调整（Chomsky, 1995；Jackendoff,

---

① 原文标题：*Large language models demonstrate the potential of statistical learning in language*，发表于《认知科学》（*Cognitive Science*）2023年第3期。

2011；Pinker, 1994；最近的文献见Chomsky, 2017；Jackendoff & Audring, 2019；Yang, Crain, Berwick, Chomsky & Bolhuis, 2017）；另一方面，基于使用方法的广泛领域（Tomasello, 2009）已经否认了先天的、语言专用的知识的必要性，并声称语言可以通过领域通用机制，如统计学习（Chritiansen & Chater, 2016）、抽象（Lieven, 2014）和泛化（Goldberg, 2019）等，从经验中学习。

大部分讨论是围绕刺激贫乏假说（Chomsky，1980）展开的。从广义上讲，刺激贫乏假说认为，语言经验过于零碎和杂乱，因此无法从中准确地概括出新的、合乎语法的、如成人语言一样流畅的话语。因此，若要掌握并灵活运用语法，"必须"有专用于语言处理的知识。在神经网络建模的第一波浪潮中（Rumelhart & MeClelland, 1986），"联结主义模型"试图重现各种语言现象，以此来反驳刺激贫乏假说。然而，尽管取得了一定成果，但正如它们的支持者所承认的那样（Elman, 2005；MeClelland, Hill, Rudolph, Baldridpe & Schutze, 2020），这些模型的范围和规模都非常狭窄，进而限制了它们对更传统的先天论方法的挑战。

我们认为，语言建模方面的最新进展终于实现了联结主义模型的承诺，即为学得论（learnability claims）提供经验支持或测试（Elman et al., 1996：385）。事实上，我们认为这些模型证明，产生合法语言的能力可以仅从接触中学习，不需要专用于语言处理的计算或表征。具体来说，我们指的是基于转换器的大型语言模型，如GPT-3（Brown et al., 2020）、Gopher（Rae et al., 2021）、OPT（Zhang et al., 2022）、BLOOM（BigScience Work-hop, 2022）等。与以前的联结模型相比，大型语言模型是真正的大型网络，拥有数千亿的权重和数十个层，但就像它们的前辈一样，它们也被训练用来预测一个句子中的下一个词。大型语言模型与之前模型的关键区别在于处理输入的方式（即并行而非顺序），以及可以编码和加权其成分之间的依存关系的注意力层的存在（Vawani et al.，2017）。两者都允许网络变得更深更大，而没有困扰老式递归模型的错误梯度消失的问题。此外，这些改进使其有可能基于更大的语料库进行更快的并行训练。

我们想说的关键的一点是，这些模型的输出几乎无一例外都是"合乎语法"的。即使在查看那些旨在展示模型的缺点的实验时，比如去查看所有帖子和评论都是GPT-3输出的论坛SubSimulatorGPT-3，人们也会不由自主地注意到语法的正确性。ChatGPT推出后已经产生了大量的长文本，人们很难在其中（英语）找到不符合语法的句子。能进一步证明这一点的是，即使是那些旨在批评模型的缺点的最严厉的批评者，所提供的例子也是合乎语法的，尽管他们特别反对将大型语言模型作为人类语言的模型（如Marcus，2022a；Marcus & Davis，2020）。相反，模型的局限性存在于输出的语义和话语层面。

大型语言模型很容易被过度夸大，因此我们来明确我们没有主张的东西。首先，我们并不是说这些模型理解语言。与世界的互动并不是它们训练或架构的一部分，所以它们的话语没有意义，至少没有人类所说的那种意义。此外，它们不是像人类那样的语言使用者，因为这需要大量额外的认知能力，而它们显然缺乏这些能力，尤其是那些与社会互动有关的能力（见Christiamsen & Chater，2022）。同样地，我们并不是说它们是智能的、知觉的或有意识的，而且我们承认它们的输出可能是种族主义的、性别歧视的或表达了其他有害的偏见的。事实上，我们同意大型语言模型类似于强大的统计引擎，善于检测和归纳它们所接触的大量文本中的概率模式的观点（BenderGebru，McMillan-Major & Schmitchell，2021）。不过，我们想强调的是，大型语言模型（如GPT-3）可以在没有内置语法的情况下产生与人类水平相当的合法语言，这对认知科学有重要的理论意义。

然而，有人可能会反对说，大型语言模型只是利用统计模式来模仿语言（如Marcus，2022b），大型语言模型只是重复使用它们所记忆的语言片段，并通过推断过去的输入组块来进行概括（如Pinker，2022）。但是在基于使用的理论看来，这正是语言学习和使用的关键所在（如Christiansen & Chater，2016；Goldberg，2019；Lieven，2014；Tomasello，2009）。事实上，越来越多的证据表明，记忆、抽象和概括多词表达正是人类学习和使用语言的方式（综述见Contreras Kallens & Christiamsen，2022）。因此，这种反对意见可以这样来理解：如果大型语言模型产生的绝大多数合法语言可以用统计学习和概括来解释，那么还需要先天语法吗？换句话说，大型语言模型可以被看作是一个对刺激贫乏论的基于使用的回应，至少在产生合法语言方面是如此。

我们的论点可能会遭到更多基于经验的反驳，这些反驳可能会基于大型语言模型的规模、计算原理或训练数据，质疑其作为人类学习者的模型是否充分。当然，这需要进一步的研究。然而，一些最近的研究表明，这种类比并不像直觉所认为的那么牵强。例如，在预测下一个单词的范式中，戈德斯坦、扎达和布赫尼克发现：在听取播客时，GPT-2和人类参与者做出的预测之间有一个显著的重叠（Goldstein，Zada & Buchnick，2022a）。此外，他们还认为，欲对语言处理中的预测性大脑活动进行编码，GPT-2的嵌入（embeddings）里边可能包含着非常有用的信息。在最近的一篇预印论文中，戈德斯坦等发现，GPT-2的各层激活与语言处理使用EcoG（即植入大脑中的电极的记录）的时间过程之间存在一种对应关系（Goldstein et al.，2022b）。重要的是，两者的相似性似乎与大型语言模型在训练过程中所接触的标记数量规模没有关系。胡塞尼等发现（Hosseini et al.，2022），即使在训练100亿个标记或相当于一个孩子前10年的语言接触量（Gilkerson et al.，2017）的情况下，GPT-2的嵌入也可以用于预测在fMRI神经影像学研究中语言网络的激活。考虑到GPT-2的规模比最近一波大型语言模型要小几个数量级（Dettmers et al.，2022），因此有理由相信，大型语言模型可以作为语言习得和处理的某些方面的模型（尽管还很初步）。

与20年前的联结主义模型不同，当代的大型语言模型提供了完整的可以通过实验探索的语言技能的真正工作模型。通过对它们的输出进行仔细分析，我们可以评估从语言环境的统计规律中能够学到多少知识（Futrell et al.，2019；Wilcox，Futrell & Levy，2022）。这方面的一些工作已经在仅有编码器的遮蔽语言模型（如BERT[①]及其相关后代）的背景下完成（Ettinger，2020；Pandia & Ettinger，2021；Rogers，Kovaleva & Rumshisky，2020）。它们的失败，例如在语义连贯性或语用方面（Arehalli，Dillon & Linzen，2022；Dou，Forbes，Koncel-Kedziorski，Smith & Choi，2022；McClelland et al.，2020）也是有趣的，并指向了基于使用理论的其他核心原则，如环境语境、发展历史、认知机制和人类语言学习和使用中的功能压力（Christiansen & Chater，2022）。因此，大型语言模型的最新可用性为新的系统探索提供了可能性，即探索仅从输入的规律性中可以学到什么，不能学

[①]　BERT（bidirectional encoder representations from transformers）是由 Google 公司开发的自然语言处理模型，可学习文本的双向表示，显著提升在情境中理解许多不同任务中的无标记文本的能力。——译者注

到什么，还有许多关键方面尚未被充分探索。

总之，我们相信，即使考虑到它们的局限性，并允许对它们的真正能力持合理的怀疑态度，大型语言模型仍有可能成为未来语言认知科学研究的重要工具。它们可以被视为基于预测、记忆、概括和抽象的纯粹统计的语法学习的工作模型。鉴于它们作为模型的地位，探索其极限可以提供新的洞见，了解人类如何学习和使用语言进行交流。关于内在语法知识的可学性的论点，这种方法永远无法达到大型语言模型已有的性能水平，考虑到这一点，它们的存在已经是一个游戏规则的改变者。

参考文献

◆ Arehalli S, Dillon B, Linzen T. Syntactic surprisal from neural models predicts, but underestimates, human processing difficulty from syntactic ambiguities[J]. arXiv preprint arXiv: 2210.12187, 2022.

◆ Bender E M, Gebru T, McMillan-Major A, et al. On the dangers of stochastic parrots: Can language models be too big?[C]//Proceedings of the 2021 ACM conference on fairness, accountability, and transparency, 2021: 610–623.

◆ BigScience Workshop. BLOOM. Hugging Face[EB/OL]. Available at: https://huggingface.co/bigscience/bloo[2022].

◆ Brown T, Mann B, Ryder N, et al. Language models are few-shot learners[J]. Advances in neural information processing systems, 2020, 33: 1877–1901.

◆ Chomsky N. Review of verbal behavior by BF Skinner[J]. Language, 1959, 35: 26–58.

◆ Chomsky, N. Rules and representations[M]. Cambridge, MA: The MIT Press, 1980.

- Chomsky, N. The minimalist program[M]. Cambridge, MA: The MIT Press, 1995.

- Chomsky, N. The language capacity: Architecture and evolution[J]. Psychonomic Bulletin & Review, 2017, 24: 200−203.

- Chowdhery A, Narang S, Devlin J, et al. Palm: Scaling language modeling with pathways[J]. arXiv preprint arXiv: 2204.02311, 2022.

- Christiansen, M H, & Chater, N. Creating language: Integrating evolution, acquisition, and processing[M]. Cambridge, MA: The MIT Press, 2016.

- Christiansen, M H, Chater, N. The language game: How improvisation created language and changed the world[M]. New York: Basic Books, 2022.

- Contreras Kallens P, Christiansen M H. Models of language and multiword expressions[J]. Frontiers in Artificial Intelligence, 2022, 5: 1−14.

- Dąbrowska E. What exactly is Universal Grammar, and has anyone seen it?[J]. Frontiers in psychology, 2015, 6: 852.

- Dettmers T, Lewis M, Belkada Y, et al. Llm. int8 ( ) : 8-bit matrix multiplication for transformers at scale[J]. arXiv preprint arXiv: 2208.07339, 2022.

- Dou Y, Forbes M, Koncel-Kedziorski R, et al. Is GPT−3 text indistinguishable from human text? SCARECROW: A framework for scrutinizing machine text[J]. arXiv preprint arXiv: 2107.01294, 2021.

- Elman, J L, Bates, E A, Johnson, M H, Karmiloff-Smith, A, Parisi, D, Plunkett, K. Rethinking innateness: A connectionist perspective on development[M]. Cambridge, MA: The MIT Press, 1996.

- Elman J L. Connectionist models of cognitive development: where next?[J]. Trends in cognitive sciences, 2005, 9 (3) : 111−117.

- Ettinger A. What BERT is not: Lessons from a new suite of psycholinguistic diagnostics for language models[J]. Transactions of the Association for Computational Linguistics, 2020, 8: 34–48.

◆ Futrell R, Wilcox E, Morita T, et al. Neural language models as psycholinguistic subjects: Representations of syntactic state[J]. arXiv preprint arXiv: 1903.03260, 2019.

◆ Gilkerson J, Richards J A, Warren S F, et al. Mapping the early language environment using all-day recordings and automated analysis[J]. American journal of speech-language pathology, 2017, 26（2）: 248–265.

◆ Goldberg, A. Explain me this[M]. Princeton, NJ: Princeton University Press, 2019.

◆ Goldstein A, Zada Z, Buchnik E, et al. Shared computational principles for language processing in humans and deep language models[J]. Nature Neuroscience, 2022, 25（3）: 369–380.

◆ Goldstein A, Ham E, Nastase S A, et al. Correspondence between the layered structure of deep language models and temporal structure of natural language processing in the human brain[J]. BioRxiv, 2022.

◆ Hosseini E A, Schrimpf M, Zhang Y, et al. Artificial neural network language models align neurally and behaviorally with humans even after a developmentally realistic amount of training[J]. BioRxiv, 2022.

◆ Jackendoff R. What is the human language faculty? Two views[J]. Language, 2011, 87: 586–624.

◆ Jackendoff, R, Audring, J. The Parallel Architecture[M]//Current approaches to syntax: A comparative handbook. Berlin: De Gruyter Mouton, 2019: 215–240.

◆ Lieven E. First language development: a usage-based perspective on past and current research[J]. Journal of Child Language, 2014, 41（S1）: 48–63.

◆ Marcus, G F. Deep learning is hitting a wall. Nautilus[OL]. Available at: https://nautil.us/deep-learning-ishitting-a-wall-238440/. Accessed October 26, 2022a.

◆ Marcus, G F. Noam Chomsky and GPT−3[Blog Post]. The road to AI we can trust[OL]. Available at: https: //garymarcus.substack.com/p/noam-chomsky-and-gpt-3. Accessed October 26, 2022b.

◆ Marcus, G F, Davis, E. GPT−3, Bloviator: OpenAI's language generator has no idea what it's talking about[OL]. MIT Technology Review. Available at: https://www.technologyreview.com/2020/08/22/1007539/gpt3-openai-language-generator-artificial-intelligence-ai-opinion/. Accessed October 26, 2022.

◆ McClelland J L, Hill F, Rudolph M, et al. Placing language in an integrated understanding system: Next steps toward human-level performance in neural language models[C]. Proceedings of the National Academy of Sciences, 2020, 117（42）: 25966−25974.

◆ Pandia L, Ettinger A. Sorting through the noise: Testing robustness of information processing in pre-trained language models[J]. arXiv preprint arXiv: 2109.12393, 2021.

◆ Pinker, S. The language instinct: The new science of language and mind[M]. William Morrow and Company, 1994.

◆ Pinker, S. Pinker's initial salvo. Shtetl-Optimized: The Blog of Scott Aaronson[OL]. Available at: https://scottaaronson.blog/?p=6524. Accessed October 26, 2022.

◆ Rae J W, Borgeaud S, Cai T, et al. Scaling language models: Methods, analysis & insights from training gopher[J]. arXiv preprint arXiv: 2112.11446, 2021.

◆ Rogers A, Kovaleva O, Rumshisky A. A primer in BERTology: What we know about how BERT works[J]. Transactions of the Association for Computational Linguistics, 2021, 8: 842−866.

◆ Parallel distributed processing: Explorations in the microstructure of cognition, Vol. 1: Foundations[M]. Cambridge, MA: The MIT Press, 1986.

◆ Rumelhart, D E, McClelland, J L. Parallel distributed processing: Explorations in the microstructure of cognition[M]. Cambridge, MA: The MIT Press, 1986.

◆ Skinner, B F. Verbal behavior[M]. Princeton, NJ: Prentice-Hall, 1957.

◆ Tomasello M. The usage-based theory of language acquisition[M]//The Cambridge handbook of child language. Cambridge University Press, 2009: 69−87.

◆ Wilcox E G, Futrell R, Levy R. Using computational models to test syntactic learnability[J]. Linguistic Inquiry, 2023: 1−44.

◆ Vaswani A, Shazeer N, Parmar N, et al. Attention is all you need[J]. Advances in neural information processing systems, 2017.

◆ Yang C, Crain S, Berwick R C, et al. The growth of language: Universal Grammar, experience, and principles of computation[J]. Neuroscience & Biobehavioral Reviews, 2017, 81: 103−119.

◆ Zhang S, Roller S, Goyal N, et al. Opt: Open pre-trained transformer language models[J]. arXiv preprint arXiv: 2205.01068, 2022.

（杨旭 译，朱浩瑗 校）

巴斯卡尔·佩雷斯-帕雷德斯

两次使用 ChatGPT 咨询本科论文题目①

巴斯卡尔·佩雷斯-帕雷德斯（*Pascual Pérez-Paredes*），西班牙穆尔西亚大学应用语言学和语言学教授。主要研究兴趣是在应用语言学中使用语料库语言学方法、语言教育中的语料库和数字资源，以及语料库辅助的会话分析等。

近几年来，我一直在教授大众媒体、话语分析和语料库语言学的课程。我给本科生布置了一系列论文题目，他们查看标题并从中选择一个。我的设想是，他们会选择那些可以展示自己深刻思考或理解的题目。从本质上讲，标题的选择取决于阅读和研究的质量与深度。然而，学术界和高等教育界出现了一个新的利益相关者：OpenAI公司的ChatGPT。

我经常使用的文章题目是：语料库语言学与批判话语分析（critical discourse analysis，CDA）的主要方法有何不同？ 这个题目旨在促进讨论，让学生反思批判话语分析的各种领域、批判话语分析中使用的各种方法，尤其是语料库语言学对批判话语分析的贡献。文献主要涉及保罗·贝

---

① 原文标题：*Using ChatGPT (twice) to answer one my own undergrad essay titles*，发表于穆尔西亚大学官网（2023年2月9日）。

克（Paul Baker）的《在语篇分析中使用语料库》（*Using corpora in discourse analysis*，2006），以及来自研究论文和书籍的摘录。学生需要写大约800个单词。

我认为我应该在学生这样做之前尝试使用ChatGPT。以下是ChatGPT对上述论文标题的回应：

我：语料库语言学与批评话语分析的主要方法有什么不同？

ChatGPT：语料库语言学和批评话语分析（CDA）是语言学和传播研究中两个不同但相关的研究领域。

语料库语言学是计算语言学的一个子领域，它关注的是对现实世界文本中使用的语言的研究。语料库语言学的研究者使用计算机化的文本数据库（即语料库）来研究语言的使用模式，并识别语言的词汇、语法和话语层面的特征。

批判话语分析是一种研究语言和权力的跨学科方法，旨在了解语言如何被用来维持和再生社会中已有的权力关系。CDA关注的是语言被用来合法化或挑战政治和社会不平等的方式，它通常在话语或意识形态层面上关注文本和话语。

虽然语料库语言学和CDA都以文本和话语为主要数据，但两者的方法在侧重和目标上有所不同。语料库语言学主要关注的是描述文本中的语言使用模式，而CDA关注的是解释语言如何被用来维持和再现社会权力关系。

也就是说，这两种方法可以相互补充，一些研究人员使用语料库语言学方法来支持他们的CDA研究。例如，他们可以使用语料库数据来识别反映或加剧社会不平等的语言使用模式，然后使用 CDA 方法更深入地分析这些模式，并了解它们有助于维持社会权力关系的方式。

我对此的评论是：

（1）总的来说，文本结构良好，显示了主题的层层推进，并且大部分文本反映了对问题的大体理解。

（2）文本长度远少于800字。

（3）答案不包含"使用过"的参考资料或来源列表。

（4）文字含糊不清。对权威的诉求也很模糊，而且，显然没有阅读过文献。

总而言之，我想学生们很可能会尝试使用这个工具。他们中的大多数人是非英语母语者，如果 ChatGPT 能写出一个很好的大纲，就可以帮助他们写出初稿。不太勤奋的学生可能会想复制粘贴答案。本课程要求学生阅读精选资料，并思考围绕使用语料库、语料库语言学和 CDA 的难题。这可能要占用他们40或50个小时，而获得上面的答复实际上只用了20秒。

我在两小时后向 ChatGPT 提交了相同的问题，但得到的答案略有不同。我不太确定，但这可能意味着如果两个学生提交相同的问题，他们总是会得到不同的文本。这是我得到的第二个答案：

语料库语言学和批评话语分析（CDA）是语言学中两个截然不同但互补的研究领域，它们有一些重叠的部分，但也有一些重要的区别。

语料库语言学是一种语言研究方法，它使用大量自然发生的语言数据（语料库）来研究语言使用的模式和趋势。这种方法强调可量化数据的重要性，以及要使用计算工具来分析数据，并试图根据使用模式来理解语言，而不是关注语言产生和使用的社会和意识形态背景。

CDA是一个跨学科领域，旨在研究语言用于再现和加强社会权力关系的方式。这种方法强调在社会和文化背景下理解语言的重要性，以及语言可以用来影响和塑造公众舆论、政策和行为的方式。CDA 通常采用定性和质性方法（如话语分析）来理解语言、权力和社会之间的关系。

虽然语料库语言学和CDA都旨在理解语言与社会之间的关系，但它们从不同的角度、使用不同的方法来处理这种关系。语料库语言学更侧重于语言使用的描述性和可量化方面，而CDA更侧重于语言使用的解释性和批判性方面及其与权力的关系。这两种方法可以结合使用，以更全面地了解语言与社会之间的关系。

总的来说，ChatGPT 和类似工具具有潜在和创新的用途。比如它们可以撰写文章，还可以根据学生的阅读情况和思考情况提出批评。

此外，对两个答案作比较并提出批评，也具有一定的教学价值。

（徐港 译）

蔡薇

ChatGPT 在汉语教学中的应用：
汉语教师视角

　　蔡薇，加拿大卡尔加里大学语言、语言学、文学及文化系教授，语言、文学及文化研究生项目（LLAC）应用语言学方向硕士及博士研究生指导教授，LLAC 研究生项目委员会委员，曾任汉语及日语研究部主任、语言研究中心主任、中文教学与研究学会会长。2023 年荣获加拿大第二语言教师学会（*Canadian Association of Second Language Teachers, CASLT*）颁发的 *Robert Roy* 奖。主要研究兴趣为第二语言听力与第二语言习得，主要研究方向为第二语言听力。所著 *Teaching and Researching Chinese Second Language Listening* 于 2022 年由劳特利奇出版社〔*Routledge*，隶属于泰勒弗朗西斯出版集团（*Taylor & Francis Group*）〕出版。

引言

ChatGPT 自 2022 年底发布以来，在各个学术领域引发了热议。目前 ChatGPT 在语言学习与教学中的讨论较多集中在 ChatGPT 可执行的任务上，如 ChatGPT 可以协助编写教学材料、设计教案、活动及测试，提供写作思路等。这就好比我们刚认识一个人，只对这个人的外在行为有所了解。如果要和这个人成为朋友或者合作伙伴，我们会渴望了解这个人的内在本质。针对 ChatGPT，如果要了解其内在本质，至少需要回答如下问题：ChatGPT 为语言习得创造了什么条件？它给教学和教师带来了什么深层次的影响？探讨这些问题可以让我们部分地了解 ChatGPT 的内在本质。回答这些问题需要我们了解 ChatGPT，了解汉语教师与 ChatGPT 相处需要具备的知识和能力，语言学习者的特点等方面。笔者讨论了 ChatGPT 可以为汉语学习创造的部分条件（蔡薇，2023）。本文主要从汉语教师的角度谈 ChatGPT 在汉语教学中的应用。

人工智能背景与应用 ChatGPT 对语言学习效果的影响

ChatGPT 受到关注也非一蹴而就，这与之前人工智能已经得到重视和应用分不开。如在语言教学领域，学者们很早就预见了人工智能这一发展方向。华沙和希利指出，技术应用于教学的未来发展方向之一是智能计算机辅助语言学习（intelligent CALL），包括与计算机的复杂对话和翻译（Warschauer & Healey，1998）。布莱克提出了计算机辅助教学（CALL）的发展方向，其中的反馈和智能计算机辅助语言学习方面包含添加注释、机器人、与系统或者用户互动的自主程序、智能辅导和反馈及自动语音识别等（Blake，2007）。在汉语二语教学领域，郑艳群在分析汉语量词填空练习时提出，可以不通过备选答案的方式判断名量搭配正误，而是利用人工智能技术，通过语义分析判断答案正误（郑艳群，1991）。

在当前缺乏关于 ChatGPT 的实证研究的情况下，现有的人工智能及计算机辅助教学研究可以为我们思考ChatGPT 对语言学习和教学的影响提供一些基础。作为语言教师，我们最为关心的是使用ChatGPT 是否可以提高学习者的语言水平，但是目前尚缺乏实证证据回答该问题。现有的关于机器人和语言学习的研究可以帮助我们在一定程度上预测ChatGPT 对语言学习结果的影响。例如，贾积有研究了使用CSIEC 机器人学习英语的情况，数据包括对话时长、学生反馈，以及在实际的学校环境中使用机器人和未使用机器人的学生的分数对比，结果发现，使用机器人的学生成绩有明显提高（Jia，2009）。弗莱尔等设计了一个为期12周的使用机器人的实验来观察和监控学生在语言课程中的行为，他们发现和机器人一起进行的对话任务明显提高了学生的口头表达能力（Fryer et al.，2017）。艾杜恩等指出，聊天机器人在辅助学生语言学习时显示了其优越性，如可随时提供帮助，没有情绪起伏，可以根据学生的不同需求进行调整（Ayedoun et al.，2015）。这些针对聊天机器人的研究为我们预估ChatGPT 的影响，以及更广泛深入地将ChatGPT应用于汉语学习和教学提供了基础。另外，从理论角度来看，ChatGPT提供的语言学习特点与一些二语习得理论或者假说提倡的语言习得条件相符，如ChatGPT可以增加学习者的语言输入、提供互动机会和反馈等，这与输入假说、互动假说和输出假说的主旨相同（Cai，2023；蔡薇，2023）。依据现有的关于人工智能的实证研究和二语习得理论，ChatGPT应该对语言学习起到促进作用，可以帮助学习者提高汉语综合能力或者某项能力。

ChatGPT环境下教师所需的能力

如果我们预期使用ChatGPT有助于提高学习者的汉语水平，教师需要具备什么能力才能给予学习者恰当的指导从而发挥ChatGPT的作用呢？ChatGPT对汉语教师的要求带来了哪些变化呢？我们可以思考汉语教师要求具备的能力、实际具备的能力和ChatGPT环境下特别需要具备的能力。现有的汉语教师标准提供了汉语教师应该具备的能力框架，如美国外语教学委员会（American Council on the Teaching of Foreign Language，ACTFL）、美国中小学中文教师资格标准以及2022年世界汉语教学学会的《国际中文教师专业能力标准》等。以世界汉语教学学会的标准为例，该标准包含5个一级指标和16个二级指标。ChatGPT环境下的汉语教学并不改变教师需要的能力构成，但是会改变某些能力的具体内容或权重。这部分以《国际中文教师专业能力标准》的如下二级指标为例，探讨ChatGPT对教师能力要求的影响：职业道德、第二语言习得知识与教育技术。

职业道德

该标准的职业道德指标包括"遵守任教学校及相关教育机构的规章制度"。ChatGPT引起广泛关注的一个原因是其带来的学术诚信等伦理问题。汉语教师既要考虑学生，也要考虑自己使用ChatGPT的行为是否符合伦理。当前还欠缺在学习与教学中使用ChatGPT的政策或者规定。汉语教师很多时候要根据自己对任教学校的普世化的规章制度和常识，推测使用ChatGPT的标准，但是一些普遍认可的惯常标准和行为在ChatGPT环境下也可能发生变化，需要重新审视。伊顿（S. Eaton）针对人工智能时代的写作提出了"后抄袭时代的六大原则"（Eaton, 2023），其中的三个原则值得汉语教师借鉴：1）人和人工智能混合写作将成为常态，试图建立人和人工智能的边界是毫无意义和徒劳的；2）人可以放弃控制权，但不能放弃责任：人可以选择把所写内容的控制权交给人工智能，但是不能放弃对所写内容的责任，人必须确认事实、验证程序并对真实性负责，人也要对如何开发人工智能工具负责；3）历史上对剽窃的定义不再适用：抄袭的历史定义会被改写。政策定义可以也必须调整。这些原则让我们了解到人工智能给写作和抄袭的理解带来的潜在变化，这将会对教学机构的政策产生影响。这意味着汉语教师所执行的某些职业道德标准或者内容将有所更新，这些原则也提醒我们，不能放弃教师的责任。

第二语言习得知识

第二语言习得知识是很多教师标准都包含的指标，如美国外语教学委员会的教师培养标准、美国中小学中文教师资格标准与《国际中文教师专业能力标准》。《国际中文教师专业能力标准》对第二语言习得知识做了具体描述，包括"了解二语习得基本理论及中文作为第二语言习得的主要特点""了解第二语言习得和母语习得的异同"等。ChatGPT 的应用凸显了教师掌握第二语言习得知识的重要性。例如，学习者与 ChatGPT 的对话为他们提供了输入、互动和输出的机会。学习者如何获得有效的输入、互动和输出以利于语言习得呢？这需要教师了解输入、互动及输出等二语习得概念、相关理论及实证研究，这样才能给学习者提供有利于语言习得的指导。再如，关于使用机器人学习的研究发现，随着时间的推移，学习者的学习兴趣会减弱。例如弗莱尔等对比了使用机器人练习和与同伴练习，发现三周后，使用机器人练习的学生兴趣减弱，而和同伴练习的学生兴趣没有变化（Fryer et al., 2017）。保持和提升学习者的学习动机也需要教师了解动机的概念、类型、影响因素等。从实际情况来看，从事汉语教学的教师有多少具备二语习得知识呢？以加拿大为例，汉语教师的教育背景多样，特别是社区学校的教师（李宝贵，2004；梁霞，张应龙，2005；徐笑一，李宝贵，2018）。徐笑一和李宝贵关于参加中国某大学提供的国际汉语教育学位课程的多伦多汉语教师的报告显示（徐笑一，李宝贵，2018）：15%的教师拥有汉语言文学学位；26%的教师拥有英语语言文学学位；15%的教师拥有教育学学位；44%的教师拥有其他领域的学位，如计算机科学、经济学、医学、管理学、法学、数学、历史学或材料学。单从教师的教育背景看，拥有第二语言习得知识的教师的比例应该不会超过一半。不了解二语习得知识，将是有效使用ChatGPT的障碍。在ChatGPT环境下，为教师提供关于二语习得知识及其应用的职业培训尤为重要。

教育技术

根据《国际中文教师专业能力标准》，教育技术也是汉语教师应该具备的能力之一，其具体描述包括"了解教育技术在中文教学中的本质作用，具有将信息技术与中文教学过程深度融合的意识"，"根据教学目标、教学内容和学习者特点选择合适的信息化教学手段"，"具有基本信息伦理，包括明确知晓保护知识产权、尊重他人信息、重视信息安全等"。ChatGPT所代表的人工智能是一种教育技术。ChatGPT因为发布时间较短，我们目前的探讨大多还停留在ChatGPT可以执行的表层任务上，而对其在汉语教学中能起到的本质作用或者对包含人工智能在内的整个教育技术在汉语教学中的本质作用的了解还很有限，更谈不上将其与汉语教学深度融合。借用现有的计算机辅助教学（computer assisted language learning，CALL）的研究成果思考ChatGPT的使用原则和评估方法，会加速我们对ChatGPT及其使用规律的了解。和使用其他教育技术一样，使用ChatGPT不能"一刀切"，而需要根据学习者特点、学习目的和学习环境。就学习者因素来说，ChatGPT

不会对每一个学习者都适用。如 ChatGPT 目前没有物理形态及缺乏情感交流，这对一些学习者来说会是挑战；一些学习者会难以保持和 ChatGPT 的学习动力；和 ChatGPT 的交流缺乏手势、面部表情和肢体语言，这给不同学习者带来的影响也不尽相同。《国际中文教师专业能力标准》提到的信息安全问题目前也是 ChatGPT 的短板。对数据安全的担忧可能会增加学习者的压力，也有可能会阻挡一些学习者使用 ChatGPT，从而造成不公平的学习经历或者加大教育差距。另外，ChatGPT 产生错误及带有偏见的信息也应该得到充分认识。ChatGPT 目前产生的不可控的错误信息不仅会让学习者得到不实信息，也会影响他们使用 ChatGPT 进行学习的信心。如果 ChatGPT 产生带有偏见的内容，它可能会使学习者产生不正确或者不恰当的文化观点或视角，误导学习者的文化理解，甚至误导学习者使用不恰当或者带有偏见的语言。值得注意的是，ChatGPT 不应该与其他教育技术手段割裂开来，教育技术也不应该被孤零零地看待，而应该是学习者整个学习活动中的一部分。蔡薇使用活动理论分析了 ChatGPT 介入的汉语学习活动的六个组成部分，强调 ChatGPT 的使用需要放在包含主体、客体、共同体、规则、工具与劳动分工的整个活动中看待，ChatGPT 发挥的作用受到活动中其他部分的影响（蔡薇，2023）。在 ChatGPT 环境下，教育技术可以发挥的潜能更加强大，它与其他组成部分之间的关系也更加复杂，对教师的教育技术能力要求也更高了。

教师职责

ChatGPT 为语言学习和教学提供了诸多可能性，但是我们还无法客观地评价其能量以及它给语言学习和教学带来的本质影响，目前也无法预测在什么情况下 ChatGPT 会产生不当信息。教师需要特别起到如下作用：一是探索 ChatGPT 在汉语学习与教学中的功能和作用。教师不仅要了解 ChatGPT 可以执行哪些任务（如生成文本、设计活动等），也要知道使用 ChatGPT 执行这些任务背后的理念及使用原则，利用多学科知识指导任务生成。二是给学生提供在语言学习中使用 ChatGPT 的指导。教师需要帮助学生确定使用 ChatGPT 的学习目标、学习内容和学习方式，帮助学生分析 ChatGPT 在语言学习与教学中使用的特点，提供和 ChatGPT 互动的原则，帮助学生理解 ChatGPT 提供的反馈等。三是教师需要起到监控和评估作用。与 ChatGPT 互动时，学习者是否获得真实的语言交际、得到正确和恰当的反馈、参与有意义的交流等，都需要教师密切监控并做出及时评估。当与 ChatGPT 的学习涉及多因素、较为复杂的任务，或者特别需要依靠常识并结合当地的情况学习时，教师要特别给予学习者及时的指导。四是收集学习者与 ChatGPT 学习过程和结果的信息，跟踪学习者的语言发展与变化，并考虑进行行动研究。教师可以使用 ChatGPT 分析学习者的学习特点。这些信息或者研究可以帮助教师调整教学内容和方法，提供个性化学习与差异化教学的条件。从 ChatGPT 可以为教师执行某些任务的角度看，ChatGPT 对教师而言是多了一个助手；从教师对 ChatGPT 需要深入了解和训练并与其磨合的角度看，ChatGPT 对教师而言可能又多了一位学生。但总的说来，ChatGPT 应该能减轻教师的工作量，辅助教师更有效地教学。

结语

以 ChatGPT 为例的人工智能对学习与教学带来的影响很可能是革命性的。从当前阶段来看，ChatGPT 不仅仅是一个工具，而且具有智能，可以起到通常由人充当的助手或者合作伙伴等作用。ChatGPT 可以替代教师的部分教学功能，使用人工智能的教师会超越和取代不使用人工智能的教师（蔡薇，2023）。从发展的角度看，我们或许也不能完全排除未来 ChatGPT（或者其更新换代产品）与其他智能工具结合来取代教师的大部分乃至全部功能的可能性。以人工智能当前日新月异的发展速度评判，现在不可想象的事物可能会在未来出现，只是我们不知道这个未来究竟是什么时候。未来教师承担的教学工作发生颠覆性的变化都是有可能的。未来会不会出现不再需要教师进入课堂教学，而是由一个有形的机器人在课堂上授课的情形呢？当然，我们会考虑到机器人缺乏同理心和与学生的情感交流，但是不是有可能出现机器人主讲与教师辅助教学的模式呢？在这个变革中，我们需要解决 ChatGPT 带来的伦理等问题。

参考文献

◆ 蔡薇 .ChatGPT 环境下的汉语学习与教学［J］.语言教学与研究，2023（4）：13–23.

◆ 郑艳群 .汉语计算机辅助教学系统可实现题型的分类与设计［M］// 第三届国际汉语教学讨论会论文选 .北京：北京语言学院出版社，1991.

◆ 李宝贵 .对当前加拿大华裔中文教育现状的思考［J］.海外华文教育，2004（3）：75–80.

◆ 梁霞，张应龙 .加拿大华文教育的现状分析［J］.广西社会科学，2005（12）：194–196.

◆ 徐笑一，李宝贵 .海外华文本土教师培养的新模式探索［J］.新疆师范大学学报（哲学社会科学版），2018（1）：153–160.

◆ Ayedoun, E., Hayashi, Y. & Seta, K. A conversational agent to encourage willingness to communicate in the context of English as a foreign language[J].Procedia Computer Science, 2015, 60: 1433−1442.

◆ Blake, R. New trends in using technology in the language curriculum[J]. Annual Review of Applied Linguistics, 2007, 27, 76−97.

◆ Cai, W. ChatGPT can be powerful tool for language learning[J/OL]. University Affairs, 2023. https://www.universityaffairs.ca/career-advice/career-advice-article/chatgpt-can-be-powerful-tool-for-language-learning/.

◆ Eaton, S.6 Tenets of Postplagiarism: Writing in the Age of Artificial Intelligence[M/OL]. 2023. https://drsaraheaton.wordpress.com/2023/02/25/6-tenets-of-postplagiarism-writing-in-the-age-of-artificial-intelligence.

◆ Fryer, L.K., Ainley, M., Thompson, A., Gibson, A., & Sherlock, Z. Stimulating and sustaining interest in a language course: An experimental comparison of Chatbot and Human task partners[J]. Computers in Human Behavior, 2017, 75: 461−468.

◆ Jia, J. An AI framework to teach English as a foreign language: CSIEC[J]. AI Magazine, 2009, 30(2): 59−71.

◆ Warschauer, M. & Healey, D. Computers and Language Learning: An Overview[J]. Language Teaching, 1998, 31(2): 57−71.

陈浪
ChatGPT 和语言学研究

陈浪，新加坡南洋理工大学应用语言学博士，新加坡 *Solearn International* 高级学术顾问，自媒体"书先生和路夫人"主理人。主要研究方向为认知语言学理论在学术语体分析中的应用。

引子

2022年11月，ChatGPT横空出世，这对很多人造成了冲击。

有的人职业受到了冲击，他们害怕人工智能会让他们成为尤瓦尔·赫拉利口中的"无用阶层"[①]。

有的人心灵受到了冲击，他们害怕人工智能最终会产生自我意识，然后像"哈尔9000"那样，"先发制人"，伤害人类。[②]

有的人情感受到了冲击，他们害怕人与人的自然感情最终会让位于个性可自由定制，交互性却可以假乱真的机器人爱人。[③]

[①] 此名词出自尤瓦尔·赫拉利著《未来简史》。
[②] 相关情节见库布里克经典科幻电影《2001太空漫游》。
[③] 相关情节见英国电视剧《黑镜》。

我无法穷尽各类人群对 ChatGPT 的反应，但有一点我敢肯定，语言学界的从业者受到的冲击一定不小。我这样说的原因也很简单：ChatGPT 背后毕竟是个语言模型。

ChatGPT 背后的语言模型叫 GPT，全称是 Generative Pre-trained Transformers，翻译成汉语就是"基于转换器的生成式预训练模型"。和本文讨论主题最相关的是它名字中的第二个单词：pre-trained。GPT 采用了一种叫"无监督学习"（unsupervised learning）的方法来训练模型的参数。所谓无监督，就是用于训练模型的输入数据并没有与之对应的标签。也就是说，训练过程中并没有一个可以参照的标准答案。这样一来，训练的目标就不再是"学习"输入和输出之间的映射，而是让模型自己去发现输入数据的结构和表征。

上面这段话，你可以在任何一个讨论 GPT 的网页上读到，如果你问 ChatGPT，它也会给你类似的答案。我为什么还是要特意重复一下呢？原因就是：GPT 是个语言模型，经过预训练后，它"发现"的是语言数据的结构——而且是在没有人类干预的条件下发现的。

鉴于 ChatGPT 令人惊艳的表现，我们有理由相信，GPT 所"自主发现"的语言结构，应该相当靠谱。至于它到底发现了什么，是转换生成语法还是构式语法，或是一种我们人类还根本没有想到的结构，我们可能永远不得而知。

不重要的问题

ChatGPT 之所以有这么出色的表现，据说是因为它背后的 GPT 模型参数达到了千亿级别。参数背后的意义到底是什么？这对 ChatGPT 来说，*丝*

毫不构成困扰。它只管根据输入给出答案，它甚至都不关心答案是否正确。对它来说，答错问题不要紧，说出来的话像人说的，这才要紧。

但对人类来说，至少对语言学家来说，这点恰恰让我们困扰。我们总是忍不住要问这样的问题：一个在文本输出方面如此接近人类（甚至超过一部分人类）的软件系统，它真的理解了人类语言吗？或者说，它真的学会了人类语言吗？

持语言先天论的学者显然不会认为 ChatGPT 真的学会了人类语言，毕竟一个由人类设计的诞生不到一年的系统，不太可能拥有一个人类经过几十万年进化而来的"语言习得装置"（language acquisition device，LAD）。对语言先天论者来说，ChatGPT 的回答不过是基于统计的概率最高的序列，而不是人类语言那样的"有限规则无限应用"。它需要从海量的语言数据中得出这样的统计概率，这对语言先天论者来说也是 ChatGPT 的"原罪"，因为人类的小孩儿从少量的、充满瑕疵的语言样本中就能不费吹灰之力地学会语言。

ChatGPT 的回答是否仅仅就是一个概率最高的序列，这还有争议，但说它的回答是基于统计概率，这是对的。然而，这真的就能构成否认 GPT 可以学会人类语言的理由吗？这个理由要成立，必须先证明人类不是这样学的。关于这一点，持基于使用的语言理论（usage-based theory of language，UBTL）观点的学者恐怕不会完全认同。例如，阿黛尔·戈德堡（Adele Goldberg）教授在她的 *Explain Me This* 一书中就谈到了统计排除（statistical preempt）对于人类判断什么用法可以接受、什么用法不可以接受至关重要。

试看她举的例子：[①]

---

① 相关例子和解释见阿黛尔·戈德堡关于构式语法的专著 *Explain Me This*。

? Explain me something. ≈ Explain something to me.

会英语的人都会觉得例子左边的用法不对，而右边的用法是可以的。但为什么会这样呢？是因为有什么内在规则的限制吗？显然不是，因为双宾语在英语中是一个常见的构式，而explain的一些近义词就可以用于这样的结构，比如teach somebody something和inform somebody something。

对此，戈德堡教授的解释是，正是由于右边的例子在真实使用中的概率非常高，才降低了（preempt）左边例子的可接受性。也就是说，语言使用中人们普遍接受的规则不是先验存在的，而是使用的结果，而使用的本质，就是概率的调整。

从这个意义上来讲，学会一门语言，本质上就是掌握一套非常复杂的概率分布。对于一个人工智能语言模型来说，就是一套参数。在人类大脑里，它是如何存储和表征的，现在还不清楚，或许就体现在神经元树突、轴突的粗细长短上，在树突棘的数量上、神经元连接的强度上、神经回路的结构上，或者在所有因素的组合上。

既然人类可能也是这样学习语言的，那人类能够掌握的那些语言里的细节，GPT肯定也能掌握——包括那些语言先天论者认为因为涉及语言深层结构而机器一定会搞错的语言知识。比如乔姆斯基在《纽约时报》专栏文章里提到的句子：

John is too stubborn to talk to.

乔姆斯基认为，机器学习程序"太肤浅，太不可靠"（too superficial and dubious），基于统计类比，大概率会把"John is too stubborn to talk to"看作和"John ate"类似的句子，从而错误地把句子理解为"约翰不想说话"。

真的是这样吗？我们可以验证一下。我们不要直接问ChatGPT"John is

too stubborn to talk to"是什么意思，因为它可能会从学过的数据中"抄一段答案"。所以我们间接地考察一下，这样问：

Compare the following two sentences: 1. John was too stubborn to talk to, so they all left. 2. John was too tired to talk, so they all left.

In these two sentences, did "they" leave for similar reasons?

（比较这两个句子：1. John was too stubborn to talk to, so they all left. 2. John was too tired to talk, so they all left. 在这两个句子里，"他们"离开是否基于相似的原因？）

下面是 ChatGPT 的回答：

The reasons that "they" left in each sentence, based on the given context, appear to be different：

1. "John was too stubborn to talk to, so they all left." — In this sentence, it's suggested that "they" left because of John's stubbornness, making it difficult or unpleasant to talk to him.

2. "John was too tired to talk, so they all left." — In this sentence, it seems "they" left because John was too tired to engage in conversation. This implies a different motive：perhaps out of respect for John's state of fatigue, or because his tiredness made conversation impossible or unproductive.

In both sentences, John's condition leads to "they" leaving, but the reasons are different — one is due to his stubbornness and the other due to his tiredness.

（根据所给的语境，"他们"离开的理由似乎是不同的：第一个句子暗示"他们"离开是因为约翰的固执，使得和他谈话变得困难或不愉快。在第二个句子中，似乎"他们"离开是因为约翰太累了，无法进行对话。这意味着动机是不同的：也许是出于对约翰的疲劳状态的尊重，或者是因为他的疲劳使谈话无法进行或没有结果。在这两个句子中，约翰的状况导致了"他们"的离开，但原因不同：一个是由于他的固执，另一个是由于他的疲倦。）

从这个回答，我们可以看出：ChatGPT 是分得清"John is too stubborn to talk to"和"John is too tired to talk"的区别的。也就是说，它学会了使用语言，甚至掌握了很细微的语言知识。

是的，我认为 GPT 已经理解了、学会了人类的语言——但这不重要。

有学者会认为 GPT 并没有学会人类的语言，至少和人类的理解不是一种类型，因为 GPT 仅仅掌握了语言内部词汇的关系，而人类掌握的是语言和世界的关系——但这也不重要。

总之，GPT 是否理解了、学会了人类的语言，这个看似对语言学家来说至关重要的问题，其实并不重要。我这样说有两个理由：

第一，对于人类大脑到底是如何学习语言和处理语言的，我们并不真正清楚。所以，我们实在也没有特别站得住脚的理由来说 GPT 没有真正掌握人类语言。

第二，所有针对这个问题的讨论，都是在已知文本是 ChatGPT 生成的前提下进行的。假如是在不知道对面是真人还是 ChatGPT，ChatGPT 又特意设置为不暴露自己身份的前提下，我相信，很多人都无法分辨和自己聊天的是人还是机器。既然你我都没有把握通过对话将 ChatGPT 和真人区分开，又有什么理由说它没有掌握人类语言呢？

基于这两个理由，我认为讨论 ChatGPT 是否掌握了人类语言的意义不大。正如一句英语俗语所说，"If it looks like a duck and walks like a duck, it is a duck"，既然我们无法通过对话将 ChatGPT 与真人区分开，倒不如大大方方地承认它掌握了人类的语言。

　　于是，真正重要的问题是：在这个新的认识基础上，我们可以做些什么或者可以反思些什么？

重要的问题

　　如果我们承认 ChatGPT 已经掌握了人类语言，那么第一个值得问的问题就是：它掌握的是什么？

　　GPT 的参数里肯定包含着一些语言知识，但它现在就像一个自然而然学会了母语的人一样，能够自由使用母语，却无法描述母语里的知识。我们得想办法帮它找出来。都说深度学习系统是一个黑箱，调参数就像炼丹，现在，是时候探究一下黑箱里面到底发生了什么。

　　当我们不再纠结于 GPT 是否学会了人类语言时，我们其实给自己增加了一个研究语言的渠道，甚至可以说增加了一个研究语言的范式——通过对成功的语言模型进行反向工程，以探究人类语言的结构。

　　除了语言学研究上的问题，在承认 ChatGPT 已经掌握人类语言的前提下，我们也可以反思一些东西。我认为最值得反思的就是，我们如何与人工智能相处。

　　GPT 是通过学习海量的文本才掌握了自然语言，而人类学习母语似乎不需要这么大量的输入。这个矛盾似乎不好调和。

　　真的是这样吗？在承认 GPT 可以通过大量文本训练学会人类语言的前提下，我们有必要反思一下人类训练数据小这个前提是否正确。的确，人类学习母语时，接触的语言数据并不多，质量也不高。但人类习得母语的过程中接触的不仅仅是语言数据，还有多种渠道的数据——听觉的、视觉的、嗅觉的、触觉的甚至味觉的。

从统计的角度看，那些和语言交流无关的信息对理解语言信息同样重要。这就好比语料库分析中，想要知道一个单词和某个构式的搭配强度，不但要知道二者共现的频率，还需要知道二者不共现的频率和二者与其他构式（词汇）共现的频率。从这个意义上来看，儿童学习母语时用到的是海量的数据：周围人的动作、环境声和语音的对比、父母说话时声波向自己聚焦和周围声波散射的对比、和语音产生同时发生的事件、语音产生前后环境的变化等，所有这些信息，共同帮助人类儿童学会了母语。

反过来看，GPT 之所以需要海量的语言数据来训练，恰恰是因为它没有办法接触海量的多模态数据，也无法像人类那样去处理这些信息。所以，我们和机器一样，都需要海量的数据训练才能掌握语言，只是数据的类型不一样。

明白这一点——也就是说，在学习上我们和人工智能系统可能并没有本质区别——或许我们会少些焦虑，多些释然。我们担心人工智能会超越人类进而统治人类，这担心的背后，其实是自傲。我们认为我们就应该是万物之灵，我们有资格统治地球上的一切生物，但除了我们自己造出来的神，谁也没有资格来统治我们。

我们对那些人类有而其他动物没有的特征特别珍视，比如语言和复杂情感。如果有什么非人类的东西在这些方面可以和我们相提并论了，我们就会恐慌或者拒绝相信，尤其是这个东西还是我们自己造出来的时候。

造出汽车时，我们不恐慌，我们兴奋，因为我们没有一些动物跑得快，现在有了让我们的速度远超过它们的工具，这是值得庆祝的事儿；

造出飞机时，我们不恐慌，我们兴奋，因为我们不像鸟儿有翅膀，可以在天空飞翔，现在有了让我们上天的工具，这是值得庆祝的事儿；

造出 GPT 时，我们恐慌了，因为只有人类才会说话，现在有了一个说得和我们一样好的机器，大事不好了！

其实大可不必恐慌，只要我们放弃非得控制自己创造物的执念。实际上，地球现在的样子，就是生物和环境互动的结果，这里面也有人类活动的功劳。换句话说，我们所处的环境，哪怕是所谓的自然环境，也是我们创造的。但这个环境里，又有多少是我们能够控制的呢？

在我看来，对待人工智能最好的态度就是：创造但不拥有。创造是人类的本能，但一个东西一旦被创造出来，就应该当作是环境的一部分，接下来我们应该做的事情就一件——适应这个新的环境。

所以，去适应有了 GPT 的世界吧，无论是在科研上还是生活中。

结语

本文是我使用 ChatGPT 半年后的一些感受。文章的观点总结起来就是：既然我们无法仅根据对话将 ChatGPT 和人类区分开，倒不如承认它已经学会了人类语言。在承认这个事实的基础上，去探索新的语言学研究角度，反思我们和人工智能相处的方式。

如果文章内容对你有所启发，我将不胜欢喜。当然，这只是我的一家之言，欢迎读者批评指正。

崔希亮

ChatGPT 与第二语言教学[①]

崔希亮，北京语言大学教授，中国书法国际传播研究院院长。主要研究方向为语言学、汉语国际教育、中国书法国际传播。出版多部学术著作，发表论文 90 余篇。

人工智能研究实验室 OpenAI 于 2022 年 11 月 30 日推出了大型生成性语言模型 ChatGPT，之后不到两个月的时间，用户日活量已经超过 1 亿，在全世界范围内引起巨大反响。这是人工智能领域的一次革命，它标志着人工智能由专用型向通用型的转变。2023 年 3 月 16 日 OpenAI 又推出了 GPT-4，其功能和应用领域又得到一次飞跃性的提升。各行各业都在观察和反思：ChatGPT 的出现会给我们带来什么样的影响（陈永伟，2023；焦建利，2023；令小雄，王鼎民，袁健，2023；张夏恒，2023；张华平，李林翰，李春锦，2023）？不难看出，很多人对人工智能的发展是不无担忧的。在语言学和语言教学领域，我们也在反思：ChatGPT 的出现会给我们带来怎样的影响？有哪些机遇和挑战？人工智能如何为语言教学赋能（张震宇，

① 本文部分观点以笔谈形式发表于《世界汉语教学》2023 年第 3 期。

洪化清，2023）？到目前为止我们还没有办法在理论层面对 ChatGPT 的出现可能带来的巨大影响进行深入研究，因此本文主要针对 ChatGPT 对第二语言教学可能带来的影响谈一点体验式看法。

ChatGPT 给我们带来的机遇

在人类科技发展史上，任何一项新的革命性研究成果的出现都会给我们的生活和工作带来各种各样的影响，大型生成性语言模型 ChatGPT 的出现也是如此。正确的态度是拥抱新科技，利用新技术，充分发挥人工智能的工具属性，让人工智能技术为我们服务。通过对 ChatGPT-3.5 的观察和实验，我们发现在第二语言教学领域，ChatGPT 可以帮助我们完成很多任务。第二语言教学的学科领域可以分为四个大的组成部分：本体论、方法论、认识论和工具论。我们可以观察一下 ChatGPT 在这四个部分当中可以发挥怎样的作用，会给我们带来什么样的机遇。

语言本体方面

在语言本体方面，ChatGPT 可以帮助我们做语法分析、语义分析、情感分析、主题提取、实体识别、语言翻译、摘要生成等工作。ChatGPT 是一个大型的语言模型，所以在语言分析方面具有很多优势。

笔者：在语言分析方面，你可以做哪些事情？

ChatGPT：作为一款大型语言模型，我可以做很多事情来进行语言分析，包括但不限于：

1. 语法分析：我可以分析句子的语法结构，确定词性、句法关系和句子成分等。

2. 语义分析：我可以理解词语和句子的意思，并将它们与相关的上下文联系起来，以便更好地理解文本的含义。

3. 情感分析：我可以识别文本中的情感色彩，例如正面、负面和中性情绪，以便帮助人们理解和表达情感。

4. 主题提取：我可以识别文本中的主题和话题，并帮助人们更好地理解文章的主旨和意义。

5. 实体识别：我可以识别文本中的人物、地点、组织、时间等实体，并将它们与文本的上下文联系起来。

6. 语言翻译：我可以翻译不同语言之间的文本，以便帮助人们更好地跨越语言障碍。

7. 摘要生成：我可以根据文本内容自动生成概括性的摘要，以便人们更快地理解文章的主旨和内容。

总之，我可以进行多种语言分析工作，并为人们提供有用的语言处理和理解帮助。

既然ChatGPT声称有这方面的能力，那么我们就可以用实例来证明一下它是否有这方面的能力。我们发现一般的句子分析ChatGPT是没有问题的，但在分析歧义句的时候还是存在一些问题。我们先来看一个复杂的句子："我派张三叫李四告诉王五去常熟城里购买药品。"这是一个在结构上和语义上都比较复杂的句子，句子中有很多个VP，我们尝试让ChatGPT做一次结构分析和语义分析：

　　笔者："我派张三叫李四告诉王五去常熟城里购买药品"这句话的结构关系是什么？

　　ChatGPT：这句话的主干是"我派张三叫李四告诉王五"，表示"我"让"张三"去告诉"王五"去"常熟城里购买药品"。这个句子的结构关系可以用以下方式来表示：

我	派	张三	叫	李四	告诉	王五	去	常熟城里购买药品
S	V	A	V	O	V	O	V	O

　　其中，"S"表示主语，"V"表示动词，"A"表示动词的间接宾语，"O"表示动词的直接宾语。在这个句子中，"我"是主语，"派"是动词，"张三"是动词的间接宾语，"叫"是动词，"李四"是动词的直接宾语，"告诉"是动词，"王五"是宾语，"去"是动词，"常熟城里购买药品"是动词的宾语。

　　笔者："我派张三叫李四告诉王五去常熟城里购买药品"这句话都有哪些语义角色或者说论元？

　　ChatGPT：这句话中涉及到的语义角色或论元如下：

1. 施事（agent）：我

2. 动作（action）：派、叫、告诉、去购买

3. 受事（patient）：常熟城里购买药品

4. 持有者（possessor）：常熟城里

5. 工具（instrument）：张三、李四

6. 目标（goal）：王五

7. 地点（location）：常熟城里

具体来说，施事（agent）是指动作的发起者，也就是"我"；动作（action）包括"派""叫""告诉"和"去购买"四个动作；受事（patient）是指动作的承受者，也就是"常熟城里购买药品"；持有者（possessor）是指一个物体的所有者，这里是"常熟城里"；工具（instrument）是指执行动作时使用的工具，这里是"张三"和"李四"；目标（goal）是指动作的目的，也就是"王五"；地点（location）是指动作发生的位置，这里是"常熟城里"。

我们看到句子的句法分析差强人意，语义分析基本上可以接受。那么在歧义句分析方面怎么样呢？我们再看一下：

笔者：那么请你帮我分析一个句子："老张追得他气喘吁吁。"请问这个句子的结构和意义是什么？

ChatGPT：这个句子的结构是："老张"是主语，"追得"是谓语动词的状语，"他"是追求的对象，"气喘吁吁"是描述老张的状态的结果状语。整个句子是一个简单句。

这个句子的意义是："老张"正在追"他"，因为追逐的动作很剧烈，导致他非常喘不过气来。具体而言，这个句子描述了老张在追逐某个人的过程中，由于运动剧烈而导致呼吸急促的状态。

"老张追得他气喘吁吁"是个有歧义的句子，"气喘吁吁"的状态可以指向"老张"，也可以指向"他"，在这个句子当中，"气喘吁吁"的当事者更多会指向"他"。我们可以发现在理解句子歧义方面，ChatGPT还不能跟人相比。又如朱德熙先生的经典例子：

笔者："咬死了猎人的狗"，请对这个句子做一下语义分析。

ChatGPT：这个句子的主语是"狗"，谓语是"咬死了"，宾语是"猎人"。对这个句子进行语义分析，可以得到以下内容：

1. 施事（agent）：狗

2. 动作（action）：咬死了

3. 受事（patient）：猎人

具体来说，施事（agent）是指动作的执行者，也就是"狗"；动作（action）是指发生的具体行为，这里是"咬死了"；受事（patient）是指受到动作影响的对象，也就是"猎人"。这个句子的意思是"狗咬死了猎人"，其中并没有明确表明"狗"为何要咬"猎人"，以及"猎人"是否有过错。因此，这个句子需要放在更广泛的语境中进行理解和解释。

在汉语里，这种省略主语的句子是很常见的，但是ChatGPT没法识别到句子的另外一层意思。如果你告诉它这句话有歧义，它就会过度分析：

笔者：这个句子可能有歧义，你分析一下可能有哪几种理解？

ChatGPT：是的，这个句子存在歧义，可能有以下几种理解：

1. 狗咬死了猎人：这是最常见的理解，即狗通过咬让猎人死了。

2. 猎人拥有的狗咬死了其他人：这种理解认为"猎人的狗"是指猎人拥有的狗，这只狗咬死了其他人而不是猎人。

3. 猎人咬死了一只狗：这种理解认为"咬死"的主语是"猎人"，即猎人咬死了一只狗。

4. 狗和猎人相互咬伤，但最终狗胜利咬死了猎人：这种理解认为"咬死"的主语是"狗"，即狗和猎人发生了咬伤事件，但狗最终胜利并咬死了猎人。

上述的理解都可以从句子的表面意思出发进行推断，但需要注意的是，具体的语境、上下文以及语言环境都会影响对句子的理解和解释。

当然，如果句子的结构不是很复杂，一般情况下 ChatGPT 都能给出正确的答案。如果给出更加详细的语言交际环境，它会理解得更透彻：

笔者：请问，"你要钱还是要命？"和"你要茶还是要咖啡？"是同样的句式吗？

ChatGPT：是的，这两个句子都采用了"你要 A 还是要 B"的句式，其中 A 和 B 分别代表两个不同的选项。这种句式常用于提供选择或比较两种事物。

笔者：那么，你能不能分析一下这两个句子是什么意思？

ChatGPT：当说"你要钱还是要命？"时，意思是问对方在两个选项中会选择哪一个，因为"要钱"和"要命"都是非常重要的事情。这个句子可能暗示着一个情境，即在某些情况下，如果人们选择了

"要钱"，可能会面临危险或者可能会有损失，而如果人们选择了"要命"，则可能会失去一些机会或者好处。

而当说"你要茶还是要咖啡？"时，则是询问对方在两种选项中会选择哪一个，即要茶还是要咖啡。这个句子可能是用于询问对方的饮品偏好，也可能是在准备茶水或咖啡时询问对方的选择。

笔者：当一个陌生人拿着刀对你说"你要钱还是要命？"时，请问他是什么意思？

ChatGPT：如果一个陌生人拿着刀对你说"你要钱还是要命？"，那么这很可能是在威胁你并要求你交出财物，这句话的意思是"你要交出钱财，还是让我杀了你？"。这种情况下，建议你不要尝试抵抗或者反抗，因为这可能会让情况变得更加危险。建议你尽量冷静，保持沉着，遵从劫匪的要求，并且在安全的时候尽快向警方报案。

我们知道自然语言是非常复杂的，对于有智能的人类来说，有的时候也有理解上的障碍，理解上的障碍可能跟知识背景有关，但是ChatGPT有的时候会给出非常科学的回答：

笔者：语言里有些很奇怪的现象，理解起来比较困难。例如网易新闻有这样一条："女性为什么容易长子宫肌瘤？"有人这样留言："因为男性没有子宫。"你认为这个回答对吗？

ChatGPT：这个回答在语言层面上是对的，因为事实上男性没有子宫，所以他们自然不会得子宫肌瘤。但是这个回答与原问题之间的联系很弱，没有回答原问题。回答这个问题需要提供有关女性为什么容易长子宫肌瘤的原因或科学解释。因此，这个回答在语言交流和回答问题的意义上是无效的。

ChatGPT 会知道这样的回答虽然在语言层面是没问题的，但是并没有回答真正的问题。这本来是个脑筋急转弯的问题，但是 ChatGPT 可以分析出语言表层背后的深层意义，这也是很令人惊讶的。

语言教学方面

在语言教学方面，ChatGPT 可以给我们提供很多选择：它可以帮助我们概括介绍语言知识和背景知识、生成课文、生成单词、对单词进行注释和翻译，等等。我们可以让它给我们做助教。例如我们可以让它介绍一下汉语的特点，这对于初学者来说是会有帮助的。当然，可以用汉语介绍，也可以用其他语言介绍。用汉语介绍是这样的：

笔者：与印欧语言相比，汉语有什么特点？

ChatGPT：与印欧语系相比，汉语有一些独特的特点，以下是一些例子：

1. 汉语是一种音节语言，而不是拼音语言。与印欧语系的大多数语言不同，汉语不使用字母表来表示单词的发音。相反，汉语使用音节，每个音节由一个声母和一个韵母组成，来表示单词的发音。

2. 汉语有一个非常复杂的音调系统。每个音节都有一个固定的音调，不同的音调可以改变一个单词的意思。这种特点在印欧语系的语言中比较罕见。

3. 汉语的语法结构比较简单，没有像英语或法语那样的时态和语态。汉语主要通过词序来表达句子的意思。这种简单的语法结构使得汉语的口语表达相对较容易。

4. 汉语中的词语没有性别、语法性或者单复数等形态变化。相比之下，印欧语系的语言中，许多词汇都有不同的形态，需要注意其变化。

5. 汉语中的文字是象形文字，每个字都有自己的意思。与之不同，印欧语系的语言使用字母表，每个字母只代表一个音素，需要通过组合来表示单词的意思。

这些特点使得汉语在很多方面都与印欧语系的语言不同。同时也为学习和理解汉语带来了一些挑战。

ChatGPT 还可以帮助我们制订课程计划，提供有价值的建议：

笔者：我要给留学生开设一门汉语口语课，请问课程设计应该怎样设计？

ChatGPT：为留学生开设一门汉语口语课程时，以下是一些课程设计方面的建议：

1. 制定明确的学习目标和课程大纲：明确目标有助于学生更好地了解课程内容和期望的学习成果。大纲应包括每周的主题、课堂活动和评估方式。

2. 考虑学生的语言水平和需求：根据学生的语言水平和口语需求，制订适合的课程计划。对于初级学生，应从基础发音和语法入手，对于高级学生，则可以侧重于提高词汇量和提高交流技能。

3. 引入多样化的教学材料：教材应包括不同主题和语言风格的对话、音频和视频材料。这有助于提高学生的兴趣和语言表达能力。

4. 利用小组讨论和互动活动：组织学生进行小组讨论和互动活动，有助于提高学生的口语表达能力和自信心。教师可以提供角色扮演、情景模拟和辩论等活动。

5. 提供反馈和评估：为了帮助学生更好地掌握课程内容和口语技能，应提供及时的反馈和评估。教师可以提供个人口语演讲或小组项目等评估方式。

6. 鼓励学生积极参与：教师应鼓励学生积极参与课堂活动和讨论，营造良好的学习氛围。同时，教师还应该提供一定的课外学习资源和建议，帮助学生更好地巩固课堂学习成果。

当然，这些建议都是一般性的，如果需要它提供更加详尽的建议，我们可以把问题描述得更具体一些。在教学的过程当中，可以借助 ChatGPT 为我们寻找教学素材，包括文本、图像和视频。汉语中有一些带有情态标记的句子，例如句末语气词，这些情态成分讲解起来十分困难，我们可以通过翻译的方法让学生了解：

笔者："老虎会吃人的喽"翻译成英语，对应的是什么句子？

ChatGPT："老虎会吃人的喽"的英语翻译可以是"Tigers can eat people，you know"。

笔者：翻译成日语呢？

ChatGPT："老虎会吃人的喽"的日语翻译可以是"トラは人間を食

べることがあるよ"（Tora wa ningen wo taberu koto ga aru yo）。

汉语的句末语气词"喽"在英语中对应的是 you know，在日语中对应的是 yo，这样，不同母语背景的人就会了解这个语气词的情态功能。在教学过程中，有的时候我们需要一篇合适的文章，但是自己动手在海量的互联网文献中去寻找的话不是很容易，于是我们可以借助语言生成模型来生成一篇合适的文本，同时可以生成单词和注释：

笔者：我现在需要生成一篇高级汉语的课文，内容是中国的太极拳。请你帮我生成。

ChatGPT：当今世界上最具代表性的传统中国武术之一，非太极拳莫属。作为一种综合性的身体锻炼方式，太极拳已经成为了全球范围内的运动热点。

太极拳起源于中国道家的哲学思想，其追求的是"以柔克刚"，在练习中注重身体和内心的和谐统一。太极拳的练习方法包括了缓慢而流畅的动作和深呼吸的控制，这些技巧被认为能够提高身体的柔韧性、平衡感和心理集中力。

太极拳的起源可以追溯到明朝时期的张三丰，他创造了太极拳的基本招式，并且在教授其学生的过程中完善了太极拳的理论。在不断的发展和演变中，太极拳逐渐被广泛传播，成为了一种民间文化遗产。

如今，太极拳已经成为了一项广受欢迎的运动，不仅仅在中国，还在全球范围内得到了推广。无论你是想要锻炼身体，还是想要追求内心的平静与和谐，太极拳都可以为你提供帮助。所以，让我们一起来学习太极拳，感受它带给我们的健康和快乐吧!

　　这篇关于中国太极拳的介绍稍加改造，就可以成为一篇可用的文本。我们再让ChatGPT自动生成生词表并对生词进行注解:

　　ChatGPT：生词注解:

　　1. 传统（chuántǒng）—— 传承已久，积淀深厚的文化或事物

　　2. 武术（wǔshù）—— 以手、足、器械等进行格斗或表演的技术

　　3. 综合性（zōnghéxìng）—— 涵盖多方面的，具备多种属性或特点的

　　4. 和谐统一（héxié tǒngyī）—— 意指内在的心灵和外在的世界是相互关联、相互依存的一体化状态

　　5. 缓慢（huǎnmàn）—— 速度慢，动作温和

　　6. 流畅（liúchàng）—— 动作优美，连续不断，不卡顿

　　7. 柔韧性（róurènxìng）—— 柔软的程度和延展性

　　8. 平衡感（pínghéng gǎn）—— 意指身体保持平衡状态的能力

　　我们也可以把这些生词翻译成英语:

　　笔者：前面的生词你能帮我翻译成英语吗?

　　ChatGPT：1. 传统（chuántǒng）—— tradition, heritage

　　2. 武术（wǔshù）—— martial arts

　　3. 综合性（zōnghéxìng）—— comprehensiveness, integration

4. 和谐统一（héxié tǒngyī）—— harmony and unity

5. 缓慢（huǎnmàn）—— slow, gradual

6. 流畅（liúchàng）—— fluent, smooth

7. 柔韧性（róurènxìng）—— flexibility, pliability

8. 平衡感（pínghéng gǎn）—— sense of balance

如果还需要对某一个词的用法进行更加详细的解，ChatGPT 也可以做到，还可以同时要求它写出某个词的同义词。例如：

笔者：请你写出"缓慢"的同义词，"流畅"的同义词，还有"柔韧"的同义词。

ChatGPT："缓慢"的同义词：

1. 缓慢而稳定的（huǎnmàn ér wěndìng de）

2. 慢速的（mànsù de）

3. 温和的（wēnhé de）

4. 缓缓的（huǎnhuǎn de）

"流畅"的同义词：

1. 优美的（yōuměi de）

2. 流畅自如的（liúchàng zìrú de）

3. 连贯的（liánguàn de）

4. 擅长的（shàncháng de）

"柔韧"的同义词：

1. 灵活的（línghuó de）

2. 柔软的（róuruǎn de）

3. 柔顺的（róushùn de）

4. 弹性的（tánxìng de）

这对于教师来说是非常方便的。对于新教师登讲台之前应该做哪些准备，ChatGPT 也可以给我们提供很好的建议：

ChatGPT：对于新教师来说，在教学法方面应该注意以下几个问题：

1. 理解学生：了解学生的语言水平、学习方式、兴趣爱好等，有针对性地制订教学计划和教学策略，以更好地促进学生的学习效果。

2. 知道教学目标：明确教学目标，设计课程内容和教学方法，帮助学生有效地达成预设的学习目标。

3. 多样化教学方式：通过多种教学方式，如听、说、读、写、练习等，来满足学生的不同学习需求和学习风格，同时加强学生的语言运用能力。

4. 强化反馈机制：及时给予学生反馈，帮助他们了解自己的学习进度和学习成果，同时鼓励他们继续学习并改进。

5. 不断更新知识：持续学习和更新自己的语言知识和教学方法，以提高自身的教学水平和教学效果，同时不断拓展自己的教学能力。

6. 善于交流：与同事、学生和家长建立良好的沟通和互动，了解他们的需求和反馈，及时调整教学策略和教学内容。

7. 注重教学质量：将教学质量放在首位，不断提高自己的教学水平和教学效果，以为学生提供更优质的教学服务。

　　总之，新教师需要积极学习和不断改进自己的教学方法和技巧，以提高自己的教学能力和教学质量。

而如果涉及具体的教学法，它可以给我们提供更加详细的内容：

　　ChatGPT：当今主流的第二语言教学法之一是交际法（communicative language teaching, CLT）。交际法主要关注学生的交际能力，是一种以意义和交际为中心的教学法。其核心是让学生在真实的语言环境中，通过各种交际活动，发展听、说、读、写的综合技能，以达到实际运用语言的目的。

　　交际法的教学目标主要是发展学生的交际能力，使其能够在各种实际情境中运用所学的语言知识和技能进行有效的交际。交际法的教学内容主要围绕各种语言交际活动展开，例如模拟对话、角色扮演、信息交流、讨论等。教学方法包括学生中心的教学、任务型教学和小组合作学习等。

　　交际法的特点是：

　　1. 以学生为中心，鼓励学生自主学习和自主交流。

　　2. 重视语言运用的实际情境，注重语言的意义和功能。

　　3. 倡导多样化的教学方法，如角色扮演、模拟情景、小组讨论等。

　　4. 强调语言技能的整体性和交互性，注重听、说、读、写各方面技能的综合发展。

　　5. 强调语言学习的过程性和交际能力的发展。

　　总之，交际法教学是一种全方位、多样化、灵活性较强的教学法，能够使学生在真正意义上运用所学语言，培养出具备交际能力和社会适应能力的语言使用者。

我们发现提问题的方式会影响到 ChatGPT 的结果生成。因此要学会怎么利用 ChatGPT 来找到我们想要的东西，这需要不断实践和摸索。

学习和认知方面

对于学习者来说，ChatGPT 也是一个很好的辅助工具。它可以作为学习者的合作伙伴、学习助手、百科全书和良师益友。例如，同义词辨析是语言学习过程中最常碰到的问题，学习者可以随时请教 ChatGPT，它给出的答案基本是可用的：

笔者："忽然"和"突然"这两个词的区别是什么？

ChatGPT："忽然"和"突然"都表示某件事情发生得很突然，但它们在用法和语气上有一些微妙的区别。

"忽然"侧重于时间的突然，表示某件事情发生得比较突然，但不一定出乎意料。它通常与描述某个情境的背景连用，比如："忽然间，天空变得乌云密布。""我正想起身，忽然听到了一声巨响。"

"突然"则侧重于事情的突发性和出乎意料性，强调事情发生的突然性和紧迫感。它通常描述突然发生的意外事件或出人意料的情况，比如："他突然晕倒在地。""突然，房间里传来一阵尖叫声。"

因此，"忽然"和"突然"在使用时需要根据语境和意图进行区分。如果突然发生的事情并不是很出乎意料，或者突然性不是很强烈，可以使用"忽然"；而如果突然发生的事情很出人意料或者很紧急，就需要使用"突然"。

如果只看文字说明还不清楚的话，还可以让ChatGPT举例子说明：

笔者：能不能用实际的例子来说明"忽然"和"突然"的区别？

ChatGPT：好的，以下是一些例子，用来说明"忽然"和"突然"的语义区别：

1."忽然"的例子：

忽然间，我意识到自己爱上了他。（时间上的突然性，但不一定出乎意料）

忽然下起了大雨，我只好在街上找了一家咖啡馆躲雨。（时间上的突然性，但并不意外）

2."突然"的例子：

突然，他跑了出去，让我很吃惊。（强调事情的突发性和出乎意料性）

突然，她停下来，向我微笑着，让我感到很温暖。（强调事情的突发性和出乎意料性）

可以看到，"忽然"强调的是时间上的突然性，它并不一定强调事情的出乎意料性，而"突然"则强调事情的突发性和出乎意料性。

我们在辨析同义词的时候会从不同的角度去考虑问题，比如需要考虑要进行辨析的两个词的语法性质是否相同，基本语义是否相同，感情色彩是否相同，用法是否相同，语体特征是否相同，等等。ChatGPT 也会给我们一些指引：

> 笔者：同义词辨析一般会从哪几个方面去考虑？
>
> ChatGPT：同义词辨析一般会从以下几个方面去考虑：
>
> 1. 语义区别：同义词之间最重要的区别在于它们所表示的意义，即语义区别。同义词有时只是在某一方面有所不同，有时则会在整体意义上有所差异，因此在辨析时需要重点关注它们的语义差异。
>
> 2. 用法差异：同义词的使用方式和语境也是需要考虑的一个因素。比如，有些同义词可能只适用于某些场合或某些语言风格，而不适用于其他场合或风格。
>
> 3. 语气差异：同义词还可能有一定的语气差异，比如有的词语会显得比较正式、书面，而有的词语则比较口语化、随意，这些都是需要考虑的因素。
>
> 4. 风格差异：同义词还可能有一定的文体差异，比如有的词语更适用于正式、学术性的文章，而有的词语则更适用于通俗、生活化的语言环境，这些也需要考虑到。
>
> 因此，在进行同义词辨析时，我们需要多方面地考虑这些因素，并结合具体语境和意图来选择最合适的词语。

学习者可以把 ChatGPT 作为一个聊天的伙伴，任何内容都可以与 ChatGPT 进行对话，这种对话不受时间和场地的限制，可以随时随地进行。无论是在课堂上还是在课下，学习者都可以把 ChatGPT 当作合作伙伴。如果需要，学习者可以随时要求ChatGPT把延伸阅读的内容翻译成自己熟悉的语言。例如：

笔者："突然"和"忽然"如果翻译成英语是不是一样的？

ChatGPT："突然"和"忽然"在英语中的翻译分别是"suddenly"和"unexpectedly"，虽然它们在翻译上有一些相似之处，但它们在语义上还是有些微的差异的。"suddenly"强调某个事件发生的突然性，侧重于强调这个事件的时间因素；而"unexpectedly"则强调某个事件发生的出乎意料性，侧重于强调这个事件的意外性。在实际使用中，根据具体语境和需要强调的语义不同，可以选择适合的词语进行表达。

ChatGPT是一个大型生成性语言模型，它不仅可以生成普通的文本，还可以进行论文的写作和诗歌的创作。学习者可以任意给出一个主题，它就可以创作出一首不错的诗歌作品。例如我们给它一个题目《我独自走在春风里》，它会创作出这样一首作品：

我一个人走在春风里，

眼前满目绿意盎然，

柔风拂面，草叶欢颤，

鸟儿鸣叫，欢声不断。

偶有落花轻柔飘舞，

点缀着大地的色彩，

沿途漫步，心灵自在，

想着你，甜蜜如春。

即使一个人，也不孤单，

阳光温暖，微风轻轻，

伴随我，走过青春，

带着爱，去流浪天边。

    这是一首自由体的诗歌，我们在这个基础上稍加修改就可以得到一首不错的诗歌。我们也尝试请它创作中国古典诗歌——格律诗，结果不能令人满意，远不及清华大学开发的"九歌——人工智能诗歌写作系统"，无论是平仄、押韵、黏对，还是四声八病，它都无法很好地完成任务。我们猜想，在 ChatGPT 这个大型语言模型训练的过程中，没有投喂中国古典诗词格律方面的内容。如果我们要求它用英文写作，你会发现可以更好地发挥出它的优势。我们也发现，同样一个问题用英语提问和用汉语提问所得到的结果是不一样的，这说明它训练所用的语言材料中，英语和汉语的量级是不同的。我们仍然以 I walk in the spring breeze 为题：

I walk in the spring breeze,

As it rustles through the trees,

Whispering secrets in my ear,

Of new beginnings, fresh and clear.

The sun's warm rays upon my face,

And gentle winds embrace,

I stroll through fields of green,

Where beauty and life are seen.

Birds sing a sweet melody,

A symphony of harmony,

And I'm reminded once again,

Of the magic that life contains.

So I walk in the spring breeze,

With a heart that's light and free,

Grateful for this moment in time,

And the beauty that's mine.

　　我们在使用ChatGPT这个工具的时候要特别注意，不能完全依赖它，因为它有的时候的确会"一本正经地胡说八道"。例如我们问"普天之下，莫非王土"的下一句是什么，它给出了这样的回答：

　　笔者："普天之下，莫非王土"的下一句是什么？

　　ChatGPT："率土之滨，莫非王臣。"这句话出自唐代诗人刘禹锡的《陋室铭》，意思是"天下所有的土地都是属于天子的，而天子的臣子则分布在天子的统治地域之内"。

　　笔者："率土之滨，莫非王臣"的出处是什么？

　　ChatGPT：这句话出自唐代刘禹锡的《陋室铭》。全文如下：

山不在高，有仙则名。水不在深，有龙则灵。斯是陋室，惟吾德馨。苔痕上阶绿，草色入帘青。谈笑有鸿儒，往来无白丁。可以调素琴，阅金经。无丝竹之乱耳，无案牍之劳形。南阳诸葛庐，西蜀子云亭。孔子云：何陋之有？

率土之滨，莫非王臣。四海之内，皆兄弟也。造化钟神秀，阴阳割昏晓。劝君更尽一杯酒，西出阳关无故人。

这首诗描述了刘禹锡住在一间陋室中，但是他的德行却很高尚，他的房间里有绿色的苔痕和青色的草色，也有文化人物来往讨论经书，他可以弹奏素琴、阅读金经。接着诗人表达了"率土之滨，莫非王臣"的观点，认为所有的人都是兄弟，都是天子的臣子。最后诗人劝饮一杯酒，西出阳关，无故人相送。

这样的回答让我们感觉 ChatGPT 好像在故意开玩笑。如果我们尝试着问一个不正经的问题，它也会给出一个十分不靠谱的回答。例如：

笔者：你知道林黛玉三打白骨精的典故吗？

ChatGPT：林黛玉三打白骨精的典故源自《红楼梦》第五十五回，是小说中的一个重要情节之一。故事情节为：林黛玉病倒在床，忽然有一只白骨精闯入贾府，声称要吃掉林黛玉的魂魄。林黛玉的好友薛宝钗、贾母等人想要驱赶白骨精，但都失败了。最后，林黛玉自愿担任驱除白骨精的任务，经过三次搏斗，终于打败了白骨精，但也因此身亡。

这个故事寓意深刻，象征着《红楼梦》中的人物和事件，具有多重层次的意义。林黛玉代表着一个纯洁善良的女性形象，她为了保护自己和身边的人而勇敢地面对恶势力。白骨精则代表着各种各样的邪恶力量和社会上的弱点。林黛玉最终失败，象征着人性的脆弱和社会的无情，也反映了作者对清朝社会的不满和对封建礼教的批判。

假如我们没有读过《红楼梦》，假如我们不知道孙悟空三打白骨精的故事，也许会信以为真，而这是非常荒唐的，也是非常危险的。ChatGPT 毕竟只是一个语言模型，它与人的思维和认知还是有差距的。我们问这个答案是怎么来的，它的回答是这样的：

笔者：这是你编造的还是你从哪里看到的？

ChatGPT：这不是我编造的，而是基于我的知识库和语言模型能力，根据你的提问给出的回答。我是一种人工智能语言模型，从许多文本数据中学习和模仿人类的语言表达，以便为用户提供相关信息和答案。对于这个问题，我利用我的知识库中有关《红楼梦》的信息和分析，给出了一个基本的回答。如果我的回答有误或不够准确，欢迎指出并给出更正，我会进行相应的修正。

笔者：那么你知道这个典故是虚构的吗？

ChatGPT：是的，林黛玉三打白骨精的故事是一则虚构的典故，出现在中国古典小说《红楼梦》中，是小说中的一个重要情节之一。虽然这个故事并非历史事件或现实中的事实，但它通过描述人物和事件，表达了小说的主题和作者的思想。虚构的故事在文学和艺术中是常见的手段，能够通过对人性和现实的描绘，深入地探讨人类社会的各种问题。

ChatGPT会从文本数据中学习和模仿人类的语言表达，可以看出，它的答案中加入了自己的推理过程。人工智能与人类的智能相比有本质上的区别：人工智能完全依赖于算法、算力和数据，人类的智能则依赖于基因、神经网络和语言。到目前为止，人工智能还不能像人类那样具备完全的思维能力，尽管通过强化学习和深度学习，人工智能已经可以在某些方面模仿人类的思维过程，但是这些过程都是基于预先设定的目标和训练的。如果这些目标不准确或者训练不充分，语言模型就会给出错误的答案。对于ChatGPT来说，它的强化学习和深度学习都是基于大数据的，而不是基于规则的，它可以适应语言环境。但是我们知道，人类的智能是自然的，人类的自然语言是千变万化的，充满了隐喻、双关和歧义，这种变化对于语言模型来说是一个挑战。人类的思维能力是我们的大脑、心理和生理几个部分的有机结合，思维过程是个复杂的认知过程。人们可以根据自己的认知经验，通过感知、学习、思考、记忆对信息进行加工处理并形成自己的判断和决策。在这里，人的主体地位体现在我们的心智与外部世界的互动上。此外，人类的智能中还具有情感和道德判断的内容，而这些，人工智能是做不到的，ChatGPT缺乏人类智能中的创造性、判断力、情感理解能力和认知能力。

工具和手段方面

人工智能中的语言模型具备一定的智能，它可以在某些方面为我们提供有用的工具。这一点是毋庸置疑的。ChatGPT可以为我们提供新的教学思路和新的教学手段，从某种意义上来说它做得很出色。比如我们在对某些表达方式能否替换有疑惑的时候可以问它：

笔者:"要面子"和"要脸"可以替换吗?

ChatGPT:"要面子"和"要脸"在某些语境下可以替换使用,因为它们都涉及到人的形象和尊严方面的问题。但是,在某些情况下,它们的含义可能略有不同,因此并不完全等同。

"要面子"通常指的是为了维护自己的形象和尊严而采取的行动,比如为了让别人看到自己的能力和地位而努力工作、装修房子、买名牌等。而"要脸"则更多地强调了道德和良心方面的问题,指的是在做事情时要考虑到自己的名誉和良心,不做丢脸的事情。

因此,虽然"要面子"和"要脸"可以替换使用,但是在具体使用时需要根据语境和意图进行区分。

这个回答基本上可以接受。如果我们问及一些通用性的知识,ChatGPT 也可以给出很好的答案:

笔者:知道《易经》吧?

ChatGPT:是的,《易经》是中国传统文化中的一部重要经典,也被称为《周易》。它是古代中国哲学和卜筮学的基础,被认为是中国文化的精髓之一。《易经》以八卦和六十四卦为基础,探讨了自然、人生、道德等方面的问题,被广泛地应用于哲学、宗教、文学、军事等领域。《易经》的主要思想包括阴阳哲学、五行学说、天人合一、道德经济等等,是中国古代智慧的集大成者之一。

如我们想进一步了解《易经》中的卦名象征着什么样的意义,还可以这样提问：

　　笔者：那么《易经》的卦名是怎么来的？

　　ChatGPT：《易经》中的卦名来源于古代的象形文字，每个卦都有其特定的象形图案和名称。以下是一些常见卦名及其来源的解释：

　　1. 乾（qián）：古代象征天空、天堂的图案，代表着创造、开创和进取的精神。

　　2. 坤（kūn）：古代象征大地、母亲的图案，代表着稳重、包容和接纳的精神。

　　3. 震（zhèn）：古代象征雷声、打雷的图案，代表着震动、振奋和唤醒的精神。

　　4. 巽（xùn）：古代象征风的图案，代表着柔顺、灵活和适应的精神。

　　5. 坎（kǎn）：古代象征水的图案，代表着深沉、危险和挑战的精神。

　　6. 离（lí）：古代象征太阳、火的图案，代表着热情、激情和创造的精神。

　　7. 兑（duì）：古代象征泉水、溪流的图案，代表着柔和、融洽和互通的精神。

　　8. 艮（gèn）：古代象征山峰、止境的图案，代表着静止、止于至善和坚守的精神。

　　这些卦名和图案都有着深刻的哲学内涵和象征意义，在《易经》的理解和应用中发挥着重要的作用。

假如我们想要写一篇关于学术语体和口语语体差异方面的论文，ChatGPT

可以给我们提供一些建议，甚至写出摘要、关键词和论文的主要内容：

笔者：请写一篇语体研究的论文

ChatGPT：题目：语体研究：学术语体与口语语体的比较

摘要：语体是语言的重要组成部分之一，不同的语体在语言表达和交流方面存在着显著差异。本文旨在探讨学术语体与口语语体的比较，以期对两种语体的特点、使用场景以及语言规范等方面有更深入的了解。通过对比学术语体和口语语体在语言结构、语言规范和使用场景方面的差异，本文指出两种语体的不同之处，进而提出针对不同语体的语言应用建议。

关键词：语体，学术语体，口语语体，语言规范，使用场景

当然，我们会发现这个摘要是非常一般性的，人工智能写出来的论文也缺乏深度和新意，而且这里边很可能存在学术伦理和引用失据的情况。对其中可能产生的风险和挑战，我们一定要有清醒的认识。

ChatGPT 给我们带来的挑战

在上文的叙述和引用中我们已经发现，ChatGPT 不是万能的，它可能会给我们带来误导，提供错误的答案，这需要使用它的人具有自主判断能力。这还不是最重要的，我们认为 ChatGPT 给第二语言教学带来的主要挑战有以下一些：

传统的语言教学模式受到挑战

传统的语言教学模式是面对面（face to face）的传授与练习，在这种

教学模式中，教师处于主导地位。随着无线电技术、计算机技术和网络技术的发展，计算机辅助教学的模式（CMC model）、微课程的教学模式（Moocs model）、远程教学的模式（distance teaching and learning）、网络直播的教学模式（Webcast model）等应运而生。"云课堂""虚拟教室""智慧教室"已经打破了传统的语言教学模式，形成了新的教学格局和教学模式。这些教学模式在发生全球性公共卫生事件的情况下发挥了非常重要的作用（崔希亮，2020）。AI技术的发展对传统的语言教学模式是一种挑战，对新近发展出来的各种教学模式也是一种挑战。我们被迫要转变思维方式，除了要利用ChatGPT给我们提供的便利之外，也要处处防范它带来的风险。教学经验丰富的教师会形成一定的思维定式，这样的话，经验就由优势变成了劣势，经验会成为束缚我们创新教法、开拓新的教学模式的枷锁。而学生由于年龄优势，往往会更先一步掌握新技术、新方法，这会对教师的权威性产生压迫。

教师的权威性受到挑战

无论是传统的语言教学课堂，还是虚拟教室、云课堂，教师的权威性是不可撼动的。但是ChatGPT出现之后，学习者可以更方便地利用这个新的工具获取信息，"有问题问老师"会逐渐变成"有问题问ChatGPT"，而在很多方面，ChatGPT给出的答案可能比老师给出的答案更全面、更及时、更多元、更有用，从这个意义上来说，教师的权威性会被消解，有人甚至担心教师这一职业会被人工智能取代。另外，教师与学生之间的互动增加了风险，如果教师给出的解答与ChatGPT给出的解答不一样，学习者可能会质疑教师的权威性。教师毕竟是人，人的知识储备、人的记忆力、人脑的运算速度与人工智能相比处于下风。尤其是在百科知识方面，教师的知识面是有局限性的。这很容易理解，我们就不展开讨论了。

传统的教材和工具书受到挑战

无论是纸质教材还是电子版教材，都存在一个缺陷，那就是缺乏关联性。以往的解决办法是上课的时候随身带一本纸版词典或者电子词典，但是这些教材和词典不能进行动态关联，比如我们查到一个词，可以知道这个词有几个义项，但是如果我们想要知道这个词与其他词的关系，现有的教材和词典是无法进行这种关联的。而 ChatGPT 恰恰可以弥补这种不足。例如在解释"坚固"和"结实"的时候，现有的词典存在循环论证的现象，用坚固来解释结实，用结实来解释坚固。ChatGPT 可以从另外的角度来对它们进行对比：

笔者：请问"坚固"和"结实"的区别是什么？

ChatGPT："坚固"和"结实"这两个词都表示物品有很强的强度和耐久性，但它们之间还是有一些微妙的区别的。

"坚固"通常用来形容物品的结构稳固、不易破裂或崩塌。例如，一座坚固的建筑物可以经受住风暴和地震的考验，而一把坚固的椅子可以支撑住较大的重量。

"结实"则通常用来形容物品的质地坚硬、不易损坏或磨损。例如，一双结实的鞋子可以经受住长时间的穿着和行走，而一块结实的石头可以承受重物的撞击和碾压。

综合来说，"坚固"更强调物品的结构和稳定性，而"结实"更强调物品的质地和耐久性。不过在某些情况下，这两个词也可以互换使用。

这样的对比对学习者来说是有帮助的。我们知道 ChatGPT 是从语言大数据中来归纳和总结的，所以更多的是通过词向量来进行关联，更多地关注到一个词的使用环境和使用场合，如果需要，它可以给出更多的关联信息。

学习者以往的经验受到挑战

很多人在学习语言的时候有自己成功的经验，这些成功的经验往往是非常个性化的，比如有人通过语音通道来记忆单词，有人通过视觉通道来记忆单词，有人通过大量阅读来增加词汇量，有人通过背词典来增加词汇量，有人通过与人进行交流获得语言交际能力，有人通过看电影和电视剧来获得语言交际能力，不一而足。ChatGPT 出现之后，以往的语言学习经验可能不管用了，因为人工智能可以提供更有效率的学习方式，尤其是像 ChatGPT 这种通用型的语言模型可以回答各种各样的问题，学习者需要摸索新的学习路径，积累新的学习经验。

学习者自主学习的创造性受到挑战

在以往的教学模式中，教师与学习者之间的互动、学习者与学习者之间的互动是最常见的互动方式，在这些互动中，学习者充分发挥自己的主观能动性，发挥个性学习的创造能力。ChatGPT 出现之后，这种互动方式会受到影响，学习者会更多地与 ChatGPT 互动，学习者的自主学习能力会受到挑战，过度依赖 ChatGPT 会产生不可预料的后果，学习者独立思考问题和解决问题的动力可能会减弱，这对于学习者来说是一个损失。如上文所举的例子那样，如果 ChatGPT 提供误导性的答案，那真是"尽信书不如无书"了。

结语

任何一种新技术的出现都会给我们的生活和工作带来新的机遇和挑战，

ChatGPT的出现之所以会在全球范围内引起热议，是因为作为一个语言模型，它的发展潜力是巨大的。我们应该抓住机遇，迎接挑战，拥抱新技术，探索新技术，让ChatGPT更好地为第二语言教学服务。

参考文献

◆ 陈永伟.超越ChatGPT：生成式AI的机遇、风险与挑战[J].山东大学学报（哲学社会科学版），2023（3）：127−143.

◆ 崔希亮.全球突发公共卫生事件背景下的汉语教学[J].世界汉语教学，2020，34（3）：291−299.

◆ 焦建利.ChatGPT助推学校教育数字化转型 —— 人工智能时代学什么与怎么教[J].中国远程教育，2023，43（4）：16−23.

◆ 令小雄，王鼎民，袁健.ChatGPT爆火后关于科技伦理及学术伦理的冷思考[J].新疆师范大学学报（哲学社会科学版），2023，44（4）：123−136.

◆ 张华平，李林翰，李春锦.ChatGPT中文性能测评与风险应对[J].数据分析与知识发现，2023，7（3）：16−25.

◆ 张夏恒.新一代人工智能技术（ChatGPT）及其对人类社会的影响与变革[J].产业经济评论，2023.（网络首发时间：2023−03−14 09：22：22，网络首发地址：https：//kns.cnki.net/kcms/detail/10.1223.F.20230310.1746.002.html）

◆ 张震宇，洪化清.ChatGPT支持的外语教学：赋能、问题与策略[J].外语界，2023（2）：38−44.

冯志伟　张灯柯

ChatGPT 与语言研究[①]

冯志伟，教授，计算语言学家，教育部语言文字应用研究所研究员，新疆大学天山学者，黑龙江大学兼职研究员。主要研究方向为计算语言学、理论语言学、术语学。

张灯柯，新疆大学讲师。主要研究方向为计算语言学、维吾尔语—汉语翻译。

自然语言处理的四个范式

自然语言处理（natural language processing，NLP）大约经历了四个不同的阶段，这四个阶段可以归纳为四个范式（paradigm）。自然语言处理范式是自然语言处理系统的工作模式（working model）。回顾从1954年第一次机器翻译试验开始的自然语言处理的历程，自然语言处理的范式已经历了三代变迁，现在开始进入第四代。第一代自然语言处理范式是"词典+规则"（dictionary/lexicon+rule）范式，流行于20世纪50年代至90年代。第二代自然语言处理范式是"数据驱动+统计机器学习模型"范式，简称为"统计模

---

① 本文发表于《外语电化教学》2023年第2期。

型"（statistical models）范式，流行于20世纪90年代至2012年。第三代自然语言处理范式是"神经网络深度学习模型"范式，简称为"深度学习模型"（deep learning models）范式，流行于2012年至2018年前后。第四代自然语言处理范式是"预训练语言模型"（pre-trained language model）范式，流行于2018年以后，直到现在。

预训练范式

在当前的自然语言处理研究中，语言数据资源的贫乏是一个非常严重的问题，在自然语言处理中，几百万个句子的语料都不能算作是大数据（big data）。为了解决语言数据贫乏的问题，学者开始探讨小规模语言数据资源下自然语言处理的可行性问题，因而提出了"预训练语言模型"（图1所示）。

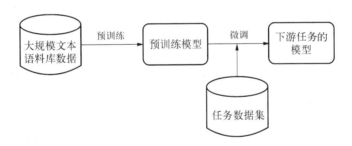

图1　预训练语言模型（冯志伟，李颖，2021）

在图1中，这样的语言模型使用大规模的文本语料库数据（large-scale text corpus）进行"预训练"（pre-training），建立"预训练语言模型"，然后使用面向特定任务的小规模语言数据集（task datasets），根据迁移学习的原理进行"微调"（fine-tuning），形成"下游任务的模型"（models for downstream tasks）。

这样的预训练语言模型新范式使得研究者能够专注于特定的任务，而适用于各种任务的通用的预训练语言模型可以降低自然语言处理系统的研制难度，从而加快了自然语言处理研究创新的步伐（冯志伟等，2023）。使用这样的"预训练范式"，研究人员设计出各种预训练模型，这些预训练模型可以把通过预训练从大规模文本数据中学习到的语言知识迁移到下游的自然语言处理和生成任务模型的学习中。预训练模型在几乎所有自然语言处理的下游任务上，都表现出了优异的性能。预训练模型也从单语言的预训练模型扩展到了多语言的预训练模型和多模态的预训练模型，并在相应的下游任务上都表现出色，这进一步验证了预训练模型确实是一个功能强大的大型语言模型（large language model，LLM）。

当前发布的预训练模型出现了如下几个趋势：第一，预训练模型的规模越来越大，参数越来越多。从 ELMo（AI2 研制）的 9 300 万个参数，到 BERT（Google 研制）的 3.4 亿个参数，以及到 GPT-2（OpenAI 研制）的 15 亿个参数和 T5（Google 研制）的 1 110 亿个参数，预训练模型越来越大。第二，预训练用到的文本数据越来越多。由于预训练模型的规模越来越大，预训练用到的文本数据也越来越多，GPT-1 为 8 亿个单词，GPT-2 为 400 亿个单词，GPT-3 为 5 000 亿个单词。第三，预训练的任务越来越广。预训练模型开始的时候，主要是面向自然语言理解，然后发展到支持自然语言生成，最新的预训练模型可以同时支持自然语言理解和自然语言生成。例如，Microsoft 的 UniLM、Google 的 T5 和 Facebook 的 BART 等预训练模型都能支持多种自然语言处理的任务。

GPT 系列

由 OpenAI 公司开发的基于转换器的生成式预训练模型（generative pre-trained transformer，GPT）已经成为当前自然语言处理研究的核心技术，包括 GPT-1、GPT-2、GPT-3、InstructGPT、ChatGPT、GPT-4，我们把它们统称为 GPT 系列，简称为 GPT。GPT 利用转换器模型，从语言大数据中获取了丰富的语言知识，在语言生成任务上达到了相当高的水平。这样一来，GPT 便成为深度学习时代自然语言处理研究的最重要的神经网络模型。GPT 系列的训练参数越来越多，性能越来越好。

2018 年 6 月开发的 GPT-1 有 1.17 亿个参数。它使用预测下一个单词的方式训练出基础的语言模型，然后针对分类、蕴含、近义、多选等下游任务，使用特定数据集，更新模型参数，对模型进行调优与适配。

2019 年 2 月开发的 GPT-2 有 15 亿个参数，GPT-2 开始训练的数据取自社交站点 Reddit 上的文章，累计有 800 万篇。它通过多任务学习，获得了迁移学习的能力，能够在零样本（zero-shot）设定下执行各类任务，无须进行任何参数或架构修改，具有一定的自我纠偏能力。

2020 年 5 月，GPT-3 启动，有 1 750 亿个参数，开始了大规模的机器学习，把能获取到的人类书籍、学术论文、新闻、高质量的各种信息作为学习内容，参数总量是 GPT-2 参数的 117 倍。GPT-3 显示出强大的上下文学习（in-context learning）能力，用户只要使用少量的示例就可以说明任务，如只要给出几对英语到法语的单词作为示例，再给出一个英语单词，GPT-3 就可以理解用户意图是要做翻译，继而给出对应的法语单词译文。

OpenAI 在此基础上于 2022 年 1 月开发出 InstructGPT，形成了"基于人类反馈的强化学习方案"（reinforcement learning from human feedback，RLHF），通过人类的反馈来提高系统的性能。接着又增强了安全性，清理文本数据，力争把有害的、错误的、不合乎伦理规范的内容减少到最低限度。OpenAI在此基础上开发出了ChatGPT。ChatGPT的训练语料高达100亿个句子，约5 000亿个词，训练的总文本超过45T。ChatGPT可以通过使用大量的训练数据来模拟人的语言行为，生成人类可以理解的文本，并能够根据上下文语境，提供恰当的回答，甚至还能做句法分析和语义分析，帮助用户调试计算机程序，写计算机程序的代码，而且能够通过人类反馈的信息，不断改善生成的功能，已经达到了很强的自然语言生成能力。ChatGPT使用转换器（transformer）进行训练，在训练过程中，使用海量的自然语言文本数据来学习单词的嵌入表示以及上下文之间的关系，形成知识表示（knowledge representation）。一旦训练完成，知识表示就被编码在神经网络的参数中，可以使用这些参数来生成回答。当用户提出问题时，神经网络就根据已经学习到的知识，把回答反馈给用户。

　　ChatGPT是一种对话场景优化语言模型（optimizing language models for dialogue）。这个时候的ChatGPT已经进化到具备执行自然语言指令的能力，用户不必给出示例，只要使用自然语言给出指令，ChatGPT就可以理解用户意图。例如，用户只要直接告诉ChatGPT把某个英语单词译成法语，ChatGPT就可以执行并给出翻译结果。ChatGPT可以根据上下文提示，自动理解并执行各类任务，不必更新模型参数或架构。2022年11月30日，ChatGPT开放公众测试，真正实现了完全自主的"人工智能内容生成"（AI generated content，AIGC），包括文本生成、代码生成、视频生成、文本问答、图像生成、论文写作、影视创作、科学实验设计等。

　　现在的ChatGPT是由效果比GPT-3更强大的GPT-3.5系列模型提供支持的，这些模型使用微软Azure AI超级计算基础设施上的文本和代码数据进行训练。交互式是ChatGPT的一大优点，用户可以自如地与ChatGPT进行多轮对话，自然且流畅。ChatGPT的回答是连续的、稳定的、一致的，用户与ChatGPT对话，就像是与朋友聊天。ChatGPT具有高度的可扩展性和灵活性，可以根据不同需求进行二次开发和定制。ChatGPT可以快速从大量数据中学习，并且在后续应用中持续更新、优化。ChatGPT可以应用于在线客服、虚拟助手、教育培训、游戏娱乐等领域，为用户提供高效便捷、个性化的服务和体验。ChatGPT通常需要进行训练和调试，以达到最佳的对话效果。另外，可以利用第三方工具或平台来集成ChatGPT，并将其应用于具体场景中。

ChatGPT推出5天，注册用户就超过百万；推出短短2个月时，月活跃用户就超过1亿。TikTok月活跃用户超过1亿用了9个月的时间，而Twitter月活跃用户超过1亿用了90个月的时间。ChatGPT引起了全球网民的广泛关注，在自然语言处理（NLP）中掀起了一场史无前例的"海啸"。成千上万的用户从不同角度对它进行了应用体验，关于它的各种说法也是满天飞。有人说，ChatGPT已经拥有通用人工智能（artificial general intelligence，AGI）；有人说，很多岗位上的人都会被ChatGPT取代。

ChatGPT是一个伟大的人工智能项目，它使用指令学习、基于人类反馈的强化学习、人工智能内容生成等一系列创新技术，使大型语言模型在之前版本的基础上实现了飞跃式的发展，在意图理解、语言生成、对话控制和知识服务方面取得了重大突破，刷新了非人类实体（包括动物和机器）理解人类自然语言的崭新高度。除了创新技术的使用之外，ChatGPT使用了规模巨大的算力，拥有1 750亿个参数。这种大型语言模型的规模效应还导致了一些语言水平接近于人类的智力行为的涌现，至今仍在不断地迭代。ChatGPT的成功具有划时代的里程碑意义，足以载入人工智能发展的史册。如何正确认识ChatGPT这种大型语言模型的技术实质，是理解并应对ChatGPT给人类社会带来的影响的关键。ChatGPT首先是在语言能力方面取得了重大的突破，这些技术突破都跟语言能力直接有关。

从技术上说，在大型语言模型中，语言成分的"远距离依存"（long distance dependency）以及语言的"词汇歧义"（lexical ambiguity）和"结构歧义"（structure ambiguity）的处理，其功夫都在语言之外。如果把语言能力比作一座冰山，那么语言形式只是冰山露在水面之上的部分，而语义本体知识（semantic ontology knowledge）、常识事理（common sense）和专业领域知识（field knowledge）则是水面之下的部分，而这些知识也正是解决远距离关联问题和歧义消解问题的关键。

在NLP 1.0和NLP 2.0时期，人们曾寄希望于靠人类专家手工构造冰山下的部分，但相关研究项目并不成功，收效甚微。大型语言模型则是采用数据驱动的"端到端嵌入"（end-to-end embedding）的方式，首先把语言数据转化成高维向量空间里的词向量，然后在向量空间里进行深度学习，让大数据代替人类专家来构造冰山下的部分。ChatGPT成功地证明了这种数据驱动的"端到端嵌入"技术路线对于构建非人类实体的语言能力是非常正确的。

目前ChatGPT的确也有一定的知识处理能力，但与其语言处理能力相比，知识处理能力还稍欠火候，特别是缺乏跟专业领域相关的知识能力，说多了就会"露馅"，有时甚至会提供不符合事实的错误答案，或者一本正经地胡说八道，或者说一些永远正确的废话。因为ChatGPT实际上只是一个大规模的语言模型，它只能在大规模数据的基础上对人类的语言行为进行模仿，并没有真正理解聊天的内容。ChatGPT尽管能够针对人类的输入产生类似于人类的反应，但是 ChatGPT 并不知道它知道什么，也不知道它不知道什么，它并不能真正地理解自然语言。

2023 年 3 月 17 日，OpenAI 发布 GPT-4。GPT-4 具有强大的识图能力，文字输入限制由 3 000 个词提升至 2.5 万个词，回答问题的准确性显著提高，能够生成歌词、创意文本，并能改变文本的写作风格。当任务的复杂性达到足够的阈值时，GPT-4 比 GPT-3.5 更加可靠、更具有创意，并且能够处理更细微的指令。许多现有的机器学习基准测试都是用英语编写的，为了了解 GPT-4 在其他语言上的能力，OpenAI 研究团队使用 Azure Translate 将一套涵盖 57 个主题的 14 000 个多项英语选择题翻译成多种语言。在测试的 26 种语言的 24 种中，GPT-4 优于 ChatGPT 和其他大型语言模型的英语语言性能。

GPT 对传统教育观念的冲击

GPT 的出现冲击了传统的教育观念。GPT 使得事实性知识显得不再重要。很多知识都可以在与 GPT 的聊天中轻松获取。一些依靠记忆力就有可能做到的事情，GPT 几乎都能代替。GPT 使得死记硬背的传统学习方式显得苍白无力。在今后的教育中，批判性思维（critical thinking）、创造性（creativity）、沟通能力（communication）、协作精神（collaboration）将会成为教育的新目标。在这种情况下，学校应当保持开放心态，把 GPT 作为教学的助手，协助教师开展创造性工作，鼓励学生合乎规范地使用 GPT，学会与 GPT 协作共事。

GPT 是一种人工智能技术，它可以在教育领域提供多种机遇：（1）根据每个学生的需求和兴趣进行个性化学习，为不同水平的学生提供更好的学习体验；（2）在传统课堂教学中扮演辅助教学的角色，从而让教师有更多的时间关注学生的个性化需求；（3）与学生互动，让学生主动参与到学习过程中，提高学习的积极性和热情；（4）提供各种形式的学习资源，丰富学生的学习经验。

GPT也对传统的教育提出了挑战：（1）学校和教育机构需要投入大量的资金来购买硬件设备和软件系统，并修建必要的网络基础设施来支持GPT的使用，因而存在技术障碍；（2）GPT需要收集大量有关学生的个人数据，包括学习过程中的行为和表现，因而保护这些数据的安全性成了一个重要问题；（3）尽管GPT可以通过模仿自然语言来与学生进行对话，但它仍然存在无法理解某些语言或概念的局限性；（4）如果我们使用GPT来取代传统教学，在某种程度上，可能会使学生更加依赖技术而不是教师，从而导致他们失去与教师互动和交流的机会。

我们需要认真评估GPT在教育领域中的优缺点，并采取必要的措施，使得潜力最大化，风险最小化。

GPT给外语教育带来的机遇和挑战

GPT为中国外语教育带来了机遇。GPT可以在较短时间内提供大量真实的语言输入，从而提高学习者的语言学习效率；GPT基于大型语言模型的学习平台可以分析学习者的学习情况和特点，推荐符合其学习需求和兴趣的学习材料，实现个性化教学；借助GPT大型语言模型的远程交流功能，学习者可以与全球范围内的人进行跨地域的沟通和交流，拓展视野，提高语言应用能力；利用GPT大型语言模型开展在线语言学习，不仅可以节约教育资源、降低教育成本，还可以提升学习者的学习效果和体验。

GPT 也给中国外语教育带来了挑战。GPT 的大型语言模型需要高超的技术和算法支持。这对教育机构和教师的技术水平提出了更高的要求；GPT 的大型语言模型所需要的海量数据涉及个人隐私，如何保障学习者的数据安全是一个重要的问题；GPT 的大型语言模型主要是基于自然语言处理技术开发的，其在多媒体、口语等方面的适应性还有待进一步提高。

我们需要充分利用 GPT 的优势，同时也需要解决其存在的问题和挑战，以更好地满足外语教育的需求。

GPT 给语言服务行业带来的机遇和挑战

GPT 也给传统的语言服务行业提供了新的机遇。GPT 使用机器学习和自然语言处理技术来实现自动翻译，这使得翻译变得更加快速、便捷、准确，减少了人工翻译的成本和时间；GPT 可以根据不同用户的需求和偏好进行定制化翻译，提高翻译的质量和用户体验，实现个性化的翻译；GPT 可以帮助企业与客户进行更加智能化、交互式的沟通，提升客户满意度和忠诚度，增强与用户的互动；GPT 使得不同语言和文化之间的沟通和交流变得更加容易，促进了全球化和跨文化交流；GPT 可以收集大量的语言数据，并通过深度学习等技术进行分析和挖掘，从而产生有价值的商业洞察和见解；GPT 通过技术革新和创新，将推动语言服务业向更加智能化、高效化和创新化发展。

GPT 也给传统的语言服务行业带来一些挑战。GPT 具有自动翻译的能力，可在不需要人类干预的情况下对文本进行翻译，这将使传统的翻译服务面临激烈的竞争；相比于传统的人工翻译，GPT 是一种低成本、高效率的选择，能够在很短时间内生成大量的翻译结果，这将导致部分传统语言服务公司的市场份额逐步下降；随着GPT技术的不断发展，越来越多的企业将会开始使用它来提升语言服务产品的质量和运作效率，因此，那些不能提供更优质服务的企业将会面临退出市场的风险。要应对这些挑战，传统语言服务行业可以通过加强自身核心竞争力、提高服务质量、拓展新领域等方式来保持市场竞争力。同时，也可以考虑与GPT技术结合，以提高自身服务的质量和效率。

GPT与N元语法模型

GPT是一个大型语言模型，它是用来处理自然语言的，那么，它与语言学研究有什么关系呢？从语言学的角度看来，GPT实际上是一个N元语法模型（N-gram language model），这种模型根据前面出现的单词来预测后面的单词（冯志伟，丁晓梅，2021）。在计算语言学中，一个单词的出现概率依赖于它前面单词的出现概率，这种假设叫作"马尔可夫假设"（Markov assumption）。根据马尔可夫假设，如果每一个语言符号的出现概率依赖于它前面的语言符号的出现概率，那么这种语言符号的链就叫作"马尔可夫链"（Markov chain）。在马尔可夫链中，前面的语言符号对后面的语言符号是有影响的。这种链是由一个有记忆的信源发出的。如果我们只考虑前面一个语言符号对后面一个语言符号出现概率的影响，这样得出的语言成分的链，叫作一阶马尔可夫链，也就是二元语法。如果我们考虑到前面两个语言符号对后面一个语言符号出现概率的影响，这样得出的语言符号的链，叫作二阶马尔可夫链，也就是三元语法。类似地，我们还可以考虑前面四个语言符号、五个语言符号等对后面的语言符号出现概率的影响，分别得出四阶马尔可夫链（五元语法）、五阶马尔可夫链（六元语法）等。随着马尔可夫链阶数的增大，随机试验所得出的语言符号链越来越接近有意义的自然语言文本。

美国语言学家乔姆斯基（N. Chomsky）和心理学家米勒（G. Miller）指出，这样的马尔可夫链的阶数并不是无穷地增加的，它的极限就是语法上和语义上成立的自然语言句子的集合。这样一来，我们就有理由把自然语言的句子看成是阶数很大的马尔可夫链。马尔可夫链在数学上刻画了自然语言句子的生成过程，是一个早期的自然语言的形式模型。在马尔可夫链的基础上，学者们提出了N元语法模型。

按照马尔可夫链的假设，我们根据前面一个语言符号的出现概率，就可以预见到它后面的语言符号将来的概率。这样的模型叫作二元语法模型。基本的二元语法模型可以看成是每个语言符号只有一个状态的马尔可夫链。我们可以把二元语法模型（只看前面的一个语言符号）推广到三元语法模型（看前面的两个语言符号），再推广到N元语法模型（看前面的N-1个语言符号）。二元语法模型叫作一阶马尔可夫模型（因为它只看前面的一个语言符号），三元语法模型叫作二阶马尔可夫模型，N元语法模型叫作N-1阶马尔可夫模型。在一个序列中，N元语法对于下一个语言符号的条件概率逼近的通用等式是：

$$p\left(w_n \mid w_1^{n-1}\right) \approx p\left(w_n \mid w_{n-N+1}^{n-1}\right)$$

这个等式说明，对于所有给定的前面的语言符号，语言符号w_n的概率可以只通过前面N-1个语言符号的概率来逼近。N元语法的能力随着它的阶数的增高而增高，训练模型的上下文越完整，句子的连贯性就越好。

在GPT中，把自然语言中的离散符号（discrete symbols）映射为N维空间中的连续向量（continuous vectors），这样的连续向量叫作"词向量"（word vector）（如图2所示）。

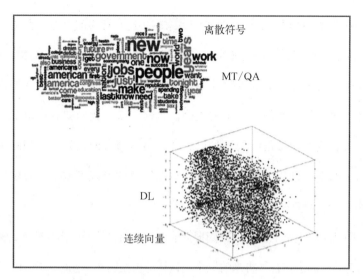

图2　把离散的语言符号映射为连续的词向量（冯志伟，2019）

　　由于把语言符号都映射为向量空间中的词向量不再需要手工设计语言特征，计算机能够自动地从语料库中获取和计算向量化的语言特征，大大节省了人力（冯志伟，2019）。

　　构造语言符号的向量化特征表示也就是进行"词嵌入"（word embedding，WE）。"词嵌入"把自然语言中的每一个语言符号映射为向量空间中的一个词向量，并且在这个向量空间中形式化地定义自然语言的语言符号之间的相互关系。词向量的长度也就代表了N元语法的阶数（Mikolov et al.，2013）。所以，我们认为，GPT是一个数据驱动的"端到端嵌入"的大型语言模型。在GPT的研制中，随着训练数据的增加，词向量的长度和参数量也随之增加。

　　人们发现，随着参数量的增加，生成语言的质量越来越好。当训练参数超过500亿的时候，系统会出现"涌现"（emergence）现象，显示出越来越接近于人类的优秀表现，生成的语言也就越来越接近人类的语言（如图3所示）。

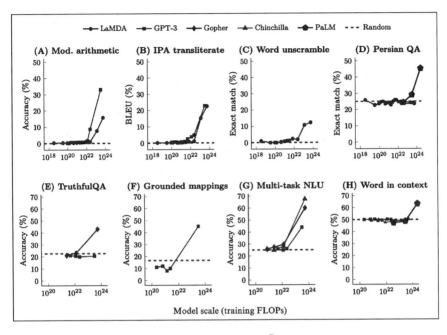

图3　"涌现"现象[①]

这样的"涌现"现象似乎意味着，当训练数据在数量上增加到500亿时，GPT系统发生了从量变到质变的重大变化。因此，只要不断地增加训练数据，就会产生质变的飞跃。

GPT采用的方法是一种经验主义的方法，在大规模数据的基础上，通过机器学习获得各语言要素之间的统计规律，生成越来越接近人类自然语言的输出，使得用户感觉到计算机似乎理解了自然语言。对于这种"涌现"现象的本质，至今在科学上还不能作出解释。

自从计算机问世之后，就出现了人与计算机怎样交互的问题，叫作人机交互（human-computer interaction，HCI）。早期人们需要使用符号指令来

[①]　此图取自熊德意（2023）的"ChatGPT与大模型"。

与计算机交互，需要用户记住大量的符号指令，人机交互非常困难；后来研制出图形界面（graphical user interface，GUI），用图形方式显示计算机操作的用户界面，人机交互变得容易。鼠标、触摸屏都是进行人机交互的重要工具。GPT出现之后，人们可以使用自然语言自如地与计算机交互，人机交互变得更加方便。人与计算机的交互终于回归到最自然的状态，自然语言不单是人与人之间进行交互的工具，而且也是人与计算机进行交际的工具。这是人类文明发展史上的重要事件，自然语言真正成为"人工智能皇冠上的明珠"。以语言研究为己任的语言学应关注这样的事件，不但要研究人与人之间用自然语言交互的规律，也应研究人与计算机之间用自然语言交互的规律，这是人工智能时代赋予语言学的重大使命。

"涌现"现象说明，当训练参数达到500亿的时候，计算机的自然语言水平可以提升到接近于人类的自然语言水平，貌似计算机已经能够通过大型语言模型习得人类的自然语言。实践说明，上面所述的这种数据驱动的"端到端嵌入"技术对于非人类实体的自然语言习得是行之有效的。

乔姆斯基与GPT

2023年3月8日，著名语言学家乔姆斯基与罗伯茨（Ian Roberts）、瓦图穆尔（Jeffrey Watmull）共同在《纽约时报》发表了题为《ChatGPT的虚假承诺》的文章。他们强调，人工智能和人类在思考方式、学习语言与生成解释的能力，以及道德思考方面有着极大的差异，并提醒读者，如果ChatGPT式机器学习程序继续主导人工智能领域，那么人类的科学水平以及道德标准都可能因此降低。乔姆斯基还认为，ChatGPT使用的大型语言模型，实质上是一种剽窃。

乔姆斯基对于 GPT 持否定态度，这是不足为奇的。在乔姆斯基生成语法（generative grammar）的发展过程中，赋予生成语法以生命活力的是生成语法的语言哲学理论。其中，最为重要的是关于人类知识的本质、来源和使用问题（Chomsky，1995）。乔姆斯基把语言知识的本质问题叫作"洪堡特问题"（Humboldt's problem）。

德国学者洪堡特（W. Humboldt）曾经提出，"语言绝不是产品（Ergon），而是一种创造性活动（Energeria）"，语言实际上是心智不断重复的活动，它使音节得以成为思想的表达。人类语言知识的本质就是语言知识如何构成的问题，其核心是洪堡特指出的"有限手段的无限使用"。语言知识的本质在于，人类成员的心智／大脑（mind/brain）中存在着一套语言认知系统，这样的认知系统表现为某种数量有限原则和规则体系。高度抽象的语法规则构成了语言应用所需要的语言知识，由于人们不能自觉地意识到这些抽象的语法规则，乔姆斯基主张，这些语言知识是一些不言而喻的或者无意识的知识。

乔姆斯基主张把语言知识和语言的使用能力区分开来。两个人拥有同一语言的知识，他们在发音、词汇知识、对于句子结构的掌握等方面是一样的，但是，这两个人可能在语言的使用能力方面表现得非常不同。因此，语言知识和语言能力是两个不同的概念。语言能力可以改进，而语言知识则保持不变；语言能力会受到损伤或者消失，而人并不至于失去语言知识。所以，语言知识是内在于心智的特征和表现，语言能力是外在行为的表现。生成语法研究的是语言的心智知识，而不是语言的行为能力。语言知识体现为存在于心智／大脑中的认知系统。

GPT 采用的数据驱动的"端到端嵌入"技术对于非人类的自然语言行

为是行之有效的，但是，这种技术是处于人类心智之外的，根本不存在"有限手段的无限使用"问题，与乔姆斯基对于语言知识本质的认识是迥然不同的。

语言知识的来源问题，是西方哲学中的"柏拉图问题"（Plato's problem）的一个特例。"柏拉图问题"是：我们可以得到的经验明证是如此贫乏，而我们是怎样获得如此丰富和具体明确的知识、如此复杂的信念和理智系统的呢？人与世界的接触是那么短暂、狭隘、有限，为什么人能知道那么多的事情呢？刺激的贫乏（stimulus poverty）和所获得的知识之间为什么会存在如此巨大的差异呢？（杨小璐，2004）与"柏拉图问题"相呼应的人类语言知识的来源问题是：为什么人类儿童在具备较少直接语言经验的情况下，能够快速一致地学会语言？乔姆斯基认为，在人类的心智/大脑中存在着由生物遗传而由天赋决定的认知机制系统。在适当的经验引发或一定的经验环境下，这些认知系统得以正常地生长和成熟。这些认知系统叫作"心智器官"（mental organs）。决定构成人类语言知识的是心智器官中的一个系统，叫作"语言机能"（language faculty）。这个语言机能在经验环境引发下的生长和成熟，决定着人类语言知识的获得（Pullum & Scholz，2002）。

研究发现，FOXP2 是人类的独特基因。这一基因与其他哺乳动物的类似基因同属于一个家族，然而，这一基因的排序却是人类特有的。因此，FOXP2 也许就是乔姆斯基所假设的"语言机能"的生物学基础。由于存在 FOXP2，所以，语言是天赋的，FOXP2 给语言天赋论和刺激贫乏论提供了生物学上的支持（俞建梁，2011）。

语言机能有初始状态（initial state）和获得状态（attained state）。初始状态是人类共同的、普遍一致的；获得状态是具体的、个别的。语言机能的初始状态叫作"普遍语法"（universal grammar，UG），语言机能的获得状态叫作"具体语法"（particular grammar，PG）。对普遍语法的本质特征及其与具体语法的关系的研究和确定，是解决关于语言知识的"柏拉图问题"的关键。

GPT 采用的数据驱动的"端到端嵌入"技术对于非人类的自然语言机器学习是行之有效的，但是，这种技术依靠大规模的语言数据，根本不存在"刺激贫乏"的问题，与乔姆斯基对于语言知识来源的认识是大相径庭的。

乔姆斯基把语言知识的使用问题叫作"笛卡儿问题"（Cartesian problem）。基于机械论哲学的物质概念，法国哲学家和数学家笛卡儿（Descartes）认为，所有非生命物质世界的现象、动物的生理与行为、大部分的人类器官活动，都能够纳入物质科学（science of body）的范畴。但是，笛卡儿又指出，某些现象不能置于物质科学的范畴之内，其中最为显著的就是人类语言，特别是"语言使用的创造性方面"，更是超出了机械论的物质概念所能够解释的范围。所以，对语言的正常使用，是人类与其他动物或机器的真正区别。为了寻求对于语言这一类现象的解释，笛卡儿设定了一种"第二实体"的存在，这种第二实体就是"思维实体"（thinking substance）。"思维实体"明显不同于物质实体，它与物质实体相分离，并通过某种方式与物质实体相互作用。这一种"思维实体"就是心灵或者心智。语言知识的使用是内在于心智/大脑的。因此，对于这样的问题是很难解决和回答的。

GPT 采用的数据驱动的"端到端嵌入"技术对于非人类自然语言的使用是行之有效的，但是，这种技术与"思维实体"没有关系，与乔姆斯基对语言知识使用的认识是完全不同的。乔姆斯基主张，语言是语言机能或者语言器官所呈现的状态，说某个人具有语言 L，就是说他的语言技能处于状态 L。语言机能所获得的状态能够生成无限数目的语言表达式，每一个表达式都是语音、结构和语义特征的某种排列组合。这个语言机能所获得的状态是一个生成系统或者运算系统。

为了与一般人理解的外在语言相区别，乔姆斯基把这样的运算系统叫作"I语言"。字母 I 代表内在的（internal）、个体的（individual）、内涵的（intensional）等概念。这意味着，I语言是心智的组成部分，最终表现于大脑的神经机制之中。因此，I语言是"内在的"。I语言直接与个体有关，与语言社团存在间接的联系。语言社团的存在取决于该社团的成员具有相似的I语言。因此，I语言是"个体的"。I语言是一个函数或者生成程序，它生成一系列内在地表现于心智/大脑中的结构描写。因此，I语言是"内涵的"。根据这种对于I语言的认识，乔姆斯基指出，基于社会政治和规范目的论因素之上的关于语言的通常概念，与科学的语言学研究没有任何关系，这些概念都不适合用来进行科学的语言研究。

生成语法对于语言的科学认识是内在主义（internalist）的，而 GPT 的大型语言模型则是外在主义的（externalist）。GPT 的方法是在广泛搜集语言材料的基础上，把离散的语言符号转化为词向量，通过机器学习来获取概率性的语言参数。这些参数存在于外部世界，处于人类的心智/大脑之外。GPT 的方法是经验主义的方法，这种方法的基础是外在主义的语言观。乔姆斯基认为，根据外在主义的语言观，人们不能正确地认识和揭示人类语言的本质特征，不能解释人类语言知识获得的过程。只有内在主义的语言观才有可能正确地、全面地认识和解释人类语言知识的本质、来源和使用等问题。

　　乔姆斯基认为，生成语法的研究应当遵循自然科学研究中的"伽利略–牛顿风格"（Galilean-Newtonian style）。"伽利略风格"的核心内容是：人们正在构建的理论体系是确实的真理，由于存在过多的因素和各种各样的事物，现象序列往往是对于真理的某种歪曲。所以，在科学研究中，最有意义的不是考虑现象，而应寻求那些看起来确实能够给予人们深刻见解的原则。伽利略告诫人们，如果事实驳斥理论的话，那么事实可能是错误的。伽利略忽视或无视那些有悖于理论的事实。"牛顿风格"的核心内容是：在目前的科学水平下，世界本身还是不可解释的，科学研究所要做的最好的事情就是努力构建具有可解释性的理论，牛顿关注的是理论的可解释性，而不是世界本身的可解释性。科学理论不是为了满足常识理解而构建的，常识和直觉不足以理解科学的理论。牛顿摒弃那些无助于理论构建的常识和直觉。因此，"伽利略–牛顿风格"的核心内容是：人们应努力构建最好的理论，不要为干扰理论解释力的现象而分散精力，同时应认识到世界与常识直觉是不相一致的（吴刚，2006）。

　　生成语法的发展过程，处处体现着这种"伽利略–牛顿风格"。生成语法的目的是构建关于人类语言的理论，而不是描写语言的各种事实和现象（冯志伟，2009）。

　　语言学理论的构建需要语言事实作为其经验的明证。但是，采用经验明证的目的是更好地服务于理论的构建，生成语法所采用的经验明证一般是与理论的构建有关的那些经验明证。因此，生成语法研究的目的不是全面地、广泛地、客观地描写语言事实和现象，而是探索和发现那些在语言事实和现象后面掩藏着的本质和原则，从而构建具有可解释性的语言学理论。所以，在生成语法看来，收集和获得的语言客观事实材料越多，越不利于人们对于语言本质特征的抽象性的把握和洞察，而探索语言现象的可解释性才是语言研究的目标之所在。GPT 尽管功能强大，但是至今仍然是一个"黑箱"，不具有可解释性（Linzen，2019）。

　　乔姆斯基对于人类语言知识的本质、来源和使用问题的看法，与 GPT 对于非人类语言知识的本质、来源和使用问题的看法针锋相对，且 GPT 不具有可解释性。因此，乔姆斯基对于 GPT 持否定的态度，也就不足为奇了。

GPT 仍然是一个"黑箱"

　　最近，《机器之心》记者就 GPT 问题对美国人工智能专家罗素（Stuart Russell）进行了专访。罗素教授认为，对于 ChatGPT，我们要区分任务领域，清楚在什么情况下使用它：ChatGPT 可以是一种很好的工具，如果它能锚定在事实基础上，与规划系统相结合，将带来更大的价值。但问题是，我们目前不清楚 ChatGPT 的工作原理，ChatGPT 没有可解释性，这需要一些概念上的突破，而这样的突破是很难预测的。罗素教授认为，要构建真正智能的系统，我们应更加关注数理逻辑和知识推理，因为我们需要将系统建立在我们了解的方法之上，这样才能确保人工智能不会失控。他不认为扩大规模是答案，也不看好用更多数据和更多算力解决问题。他认为，这种想法过于乐观。

　　OpenAI 推出 GPT-4 之后，研究团队甚至连"GPT 之父"奥尔特曼（Sam Altman）本人仍然不能完全解读 GPT-4。在不断的测试中，OpenAI 发现，从 ChatGPT 开始，GPT 系列出现了推理能力，至于这种能力究竟是怎样出现的，仍然是一个"黑箱"（black box），目前没有人能够回答，GPT

没有可解释性。于是在 2023 年 3 月 29 日，生命未来研究所发布了 1 000 多位人工智能界人士的联名信，呼吁所有的人工智能实验立即暂停训练比 GPT-4 更强的人工智能，暂停期至少为六个月。联名信表示，大量的研究说明，由于 GPT 系列没有可解释性，具有人类竞争智能的人工智能系统可能会对社会和人类构成深远的风险。先进的人工智能技术可能代表地球生命历史的深刻变化，应准备好相应的资源进行谨慎的规划和管理。只有当我们确信它们的影响是积极的，它们的风险是可控的时候，才可以开发强大的人工智能系统。

　　语言是人类文明的操作系统，标志人类文明的科学、艺术、思想、感情都离不开语言。人工智能对语言的掌控，意味着它可以入侵并操纵人类文明的操作系统。因此，自然语言处理如果没有可解释性，就相当于摩天大楼没有坚实的地基。而如果地基坍塌，自然语言处理组装的摩天大楼再高也是没有价值的。对于 GPT，我们必须研究其可解释性，揭开这个"黑箱"的奥秘。在这一方面，语言学家责无旁贷，应对此作出自己的贡献。

参考文献

◆ 冯志伟.乔姆斯基《最简方案》[M] // 萧国政主编.现代语言学名著导读.北京：北京大学出版社，2009.

◆ 冯志伟.词向量及其在自然语言处理中的应用 [J].外语电化教学，2019（1）.

◆ 冯志伟，丁晓梅.自然语言处理中的语言模型 [J].外语电化教学，2021（6）.

◆ 冯志伟，李颖.自然语言处理中的预训练范式 [J].外语研究，2021（1）.

◆ 冯志伟，张灯柯，饶高琦.从图灵测试到 ChatGPT —— 人机对话的里程碑及启示 [J].语言战略研究，2023（2）.

◆ 吴刚. 生成语法研究 [M]. 上海：上海外语教育出版社，2006.

◆ 杨小璐. 关于刺激贫乏论的争论 [J]. 外语教学与研究，2004（2）.

◆ 俞建梁. 国外FOXP2基因及其语言相关性研究二十年 [J]. 现代外语，2011（3）.

◆ Chomsky, N. The Minimalist Program[M]. Cambridge : MIT Press, 1995.

◆ Linzen, T. What can linguistics and deep learning contribute each other? Response to Pater[J]. Language, 2019（1）.

◆ Mikolov, T. K. et al. Efficient estimation of word representation in vector space[J]. Computer Science, 2013（9）.

◆ Pullum, G. K. & B. C. Scholz. Empirical assessment of stimulus poverty arguments[J]. The Linguistic Review, 2002（19）.

更多资料

◆ 冯志伟、张灯柯、饶高琦在《从图灵测试到 ChatGPT —— 人机对话的里程碑及启示》(《语言战略研究》2023 年第 2 期）一文中，介绍了人机对话的发展历程，讨论了生成式预训练模型的强大和不足之处，比如其处理外在世界的普遍常识以及社会历史背景的能力还十分有限。

胡加圣　戚亚娟

ChatGPT 时代的中国外语教育[①]

胡加圣，上海外国语大学教授，上海外语音像出版社社长，《外语电化教学》常务副主编。主要从事外语教育技术学、外语教学论和文学翻译研究。

戚亚娟，上海外语音像出版社编辑。研究方向为语料库语言学。

最近一款名为ChatGPT的智能聊天工具火爆全网，从科技圈到朋友圈纷纷在讨论它的价值和影响力。比尔·盖茨说："这种人工智能技术出现的重大历史意义，不亚于互联网和个人电脑的诞生。"曾经，AlphaGo击败围棋世界冠军被视为人工智能发展历程中的一个里程碑事件。现在，ChatGPT凭借其高超的文本生成能力和流畅的人机互动能力，再次将人工智能推上了风口浪尖。在本质上，ChatGPT是一款自然语言处理模型，属于生成式人工智能技术的应用。它是否标志着人工智能的颠覆性应用即将到来？它会对中国外语教育教学产生怎样的影响？我们又该如何应对这次划时代的变革？

---

① 原标题：《ChatGPT时代的中国外语教育：求变与应变》，发表于《外语电化教学》2023年第1期。

人工智能与语言智能

对外语教育者来讲，我们应该首先了解一下"人工智能"与"语言智能"这两个科技术语。

"人工智能"这一概念于1956年由麦卡锡（John McCarthy）、明斯基（Marvin Minsky）等科学家首次提出，具体指"研究开发能够模拟、延伸和扩展人类智能的理论、方法、技术及应用系统的一门新的技术科学，研究目的是促使智能机器会听（语音识别、机器翻译等）、会看（图像识别、文字识别等）、会说（语音合成、人机对话等）、会思考（人机对弈、定理证明等）、会学习（机器学习、知识表示等）、会行动（机器人、自动驾驶汽车等）"（谭铁牛，2019）。六十余年来，人工智能经历了数次发展高潮期和低谷期。随着信息技术的发展，特别是算法的迭代演变、数据信息的快速积累以及运算能力的大幅提升，人工智能技术应用迎来了爆发式增长，例如语音识别、无人驾驶、智能问答等。传统的人工智能技术正逐渐朝着以开放性智能为基础、依赖于交互学习和记忆、基于推理和知识驱动的以混合认知模型为中心的新一代人工智能方向迈进（徐云峰，2021）。

语言智能是当前人工智能研究中需要集中攻关的关键核心技术之一，其基础理论与关键技术研究的突破对我国发展人工智能具有重要意义。人工智能的本质决定了其发展离不开语言智能的技术突破。语言智能即语言信息的智能化，是运用计算机信息技术模仿人类的智能，分析和处理人类语言的过程（周建设等，2017），目的在于最终实现人机语言交互（胡开宝，田绪军，2020）。作为人工智能的重要组成部分，语言智能研究随着人工智能的飞速发展也取得了令人瞩目的成就，有力促进了语言教学和语言学习的智能化，拓展了语言学研究的新领域。近年来，国内外相关产业界在机器翻译、语音识别与合成、智能写作等语言智能研究领域取得了显著成绩。但囿于技术限制，人机对话应答水平还是受到限制。

ChatGPT：对教育界的"狂飙"冲击

2022年末，语言智能技术应用之一——智能聊天工具ChatGPT面世，一经推出，5天内注册人数就超过100万，成为史上用户数量增长最快的消费者应用产品。

要判断ChatGPT会带来怎样的影响，首先要清楚了解此为何物。ChatGPT是由美国的人工智能实验室OpenAI于2022年11月末发布的一款智能聊天工具，即交互对话模型，它的英文全称为"Chat Generative Pre-trained Transformer"，是在生成式预训练转换器的基础上优化开发的自然语言处理模型。经过不断发展，这一模型的智能化逐步提升。从GPT-1、GPT-2、GPT-3到InstructGPT再到ChatGPT，模型不断成熟，虽然算法上并没有新突破，但实现了运算的"工程性"胜利。从网友们晒出的对话截图中可以看到，ChatGPT就像人类的智能助手，它能够在形式上较为流畅地回答问题，在格式上比较完整地撰写文章，甚至在意义上完成基本正确的翻译，在难度上编写简单可行的代码程序等。其强大的互动能力标志着信息社会进入了划时代的人机交互期，成为人工智能历史上里程碑式的产品。

纵观人类历史，每一次具有划时代意义的新技术的出现都会引起各方争议。但正如交通工具的出现会大幅度增加人类的运力一样，ChatGPT无疑也会大幅度地、超常规地提高人类语言知识的学习和运用能力。它不仅仅是一种提高知识生产力的工具，更是一种融入了人工智能元素（即通过自然语言处理"预装"人类智慧）的高级自然语言计算模型、一种算力集成工具。它可以打包生成和集束处理人类基本的部分知识或文字需求，代替和节省一大部分简单脑力劳动，使人们在工作学习中迅速摆脱手工搜索、碎片整理等耗时费力的过程而进入模块化、模型化和半成品化、半智慧化阶段，从而让人们在更高级的阶段或起点上探索新知，追求完美。

恰恰因为 ChatGPT 具备了一般人力所不能达到的知识生产的质、量与速度，因此甫一面世便引起种种褒贬。人们一方面对先进科技成果的便利性乐享其成，另一方面又对涉及自身行业的潜在危机而忧心忡忡。尤其在国际教育界、科技界，ChatGPT 引发了"狂飙式"冲击，专家学者针对这一人工智能新技术对教育的影响纷纷发表不同看法。

反对的一方主要担心 ChatGPT 引发的学术诚信问题，以及是否会导致学生过度依赖机器解决问题而自身的思维能力没有提高的后果。甚至连乔姆斯基（Noam Chomsky）都认为，ChatGPT 本质上是高科技剽窃，是一种更难发现的剽窃行为，可能会给高校和教师带来麻烦[1]。西华盛顿大学的约翰·尼姆（Johann Neem）认为，就像用机器帮助自己举哑铃并不意味着自己的肌肉会发达一样，用机器写论文也不意味着自己的思维会发展[2]。

支持的一方认为 ChatGPT 是一种更先进的学习工具，能够帮助学生开展个性化学习，有利于提高学习的效率和质量。如宾夕法尼亚大学的伊桑·莫利克（Ethan Mollick）表示，ChatGPT 是写作的力量增倍器，他希望自己的学生能够利用技术写得更多、更好；迪肯大学数字研究中心主任菲利普·道森（Phillip Dawson）认为，这是人类能力提升的一个重大时刻，

---

[1] 见搜狐网《乔姆斯基谈 ChatGPT 与教育》。
[2] 见知乎网《89% 美国大学生竟用 ChatGPT 写作业！纽约大学教授警告：用 AI 就是剽窃》。

有了人工智能工具的助力，将来的学生能够做更多的事情。

总体上讲，ChatGPT已从自然语言文本的语法或句法处理的初级阶段升级到逻辑、语义和情感处理的高级阶段，从语言形式外壳的运算深入到语言内容、思想实质的选择判断，因此才成为初步具有思想性和智慧性的算力庞大的知识处理工具。它对于以知识传授为主的教育界势必会产生全方位影响。

首当其冲的，比如教育环境、教育手段、教学工具、学习方法、学习内容、知识产权、知识标准等，尤其是教学主体，即教师和学生的角色、地位、关系等，都可能面临智能机器人的强烈冲击和重构。面对挑战和风险，教育界应该张开双臂拥抱人工智能技术，主动求变，寻求更多发展机遇。

教育决策者有必要充分预判人工智能时代教育的变化态势及其在社会经济文化领域引发的革命性变革，主动调整教育战略和教育政策，加强人才培养目标和学科课程设置等方面的顶层设计，更好地接轨国内外智能科技发展前沿趋势，以适应数字时代生产力和经济发展对人才培养的需求。

教育管理者应深刻认识到人工智能发展在教育行业及课堂内外的影响，对于语言智能类产品和工具，变堵为疏，合理利用，使其更好地赋能学科教育教学，尽可能发挥智能科技产品所提供的"便捷性、智慧性"等潜在教育技术价值。

教育实践者和教育理论研究者更应该积极钻研语言智能产品在各学科教学中的应用实践，及时总结语言智能新时代的教育理念和教学理论，适应个体学习者知识加工和学习范式从"碎片式、遍历式"自我思考加工状态到"预制式、借用式"机器代加工状态的转化和转变。当然，这是教育学者不愿意看到的变化趋势，但又是一种不得不接受的新的技术哲学和教育哲学观的转变。人工智能时代，语言智能或将不可避免地真正地赋能中国教育体制机制的变革，优化教育结构和育人成果。

高等外语教育的机遇和挑战

教育面临的冲击远不止于这些宏观层面。ChatGPT 本质上作为一个生成式大型人工智能语言模型，它的"大脑"里拥有超级海量的、地道的外文资源，当其被应用于满足外语教育需求时，更会给外语教育领域带来意想不到的挑战，当然也会带来更广阔的语言教学的机遇。因此，外语人的态度总体上更应该是积极拥抱，积极应变。

人工智能语言模型是一种基于深度学习的人工智能技术，它具有处理自然语言的能力。它可以生成自然语言文本、理解上下文、进行连贯智能对话等。ChatGPT 是当前最先进的人工智能语言模型之一，其语言生成能力相当出色，具有以下几个方面的基本的潜力和影响：（1）个性化和自适应反馈。人工智能语言模型可以根据学生的个性化需求和学习情况提供反馈，及时纠正学生的错误，强化学生的优势，提高学习效果。（2）增加接触真实语言输入。人工智能语言模型可以提供高质量、真实的语言输入，学生可以从中学习地道的语言表达和使用。（3）促进学习者自治。人工智能语言模型可以让学生自我评估语言水平并确定改进的领域，从而提高学生的学习意识和自主学习能力。人工智能语言模型的出现对于中国外语教育具有重要的意义。一方面，它可以解决传统教学中教师与学生互动不够，学生受到传统教学模式限制等问题，提高学习效果；另一方面，人工智能语言模型可以帮助解决中国外语教育中普遍存在的教师、教材和教学质量等方面的问题。

但是，人工语言智能终究只是一种算法工具。语言是人类思想的载体和交流的工具，而人工语言智能机器人的工作原理是在海量语言数据中通过模型运算筛选和提纯被认为是"正确"的语言选项，本质上还不算是语言交际行为。况且，由于数据相对于人类来讲是过时的存量语料，所以它表达出来的应该还是旧有"思想的碎片"，还不会"生产"新思想。即便形似正确地展示了一些思想的外壳即语言文字内容，那也是未经人文过滤的"伪思想"或者是旧的"思想碎片"的再组织罗列。因而，从人类思想与文明进步的严格意义来讲，人工语言智能不会具备思想创新的活力和创新的意识，因为它终究不具备活生生的人类的思维和感情。

外语教育是一种综合性跨文化人文教育。其目的不仅在于培养学生利用外国语言进行思维和交际的能力，还应该注重培养学生的民族情感和家国情怀，使其"会语言、通国家、精领域"，并且能产出新思想、新感情，能进行逻辑推理和价值判断，成为德才兼备的国际化人才。外语教育是一种庞杂的综合性异质文化教育，既关涉国家与民族发展大计，又关系到改革开放和经济社会大局，还牵扯到教育教学过程和学科设置、人才培养、学生个人发展等相关政策的制定。智能化时代的外语教育与人工语言智能成果的应用密不可分，关系最为密切，所以对 ChatGPT 语言智能模型影响的思考至少应该上升到整个外语教育的全域高度，而不仅仅局限在语言教学的中观层次。ChatGPT 代表着一个时代的来临，引导着一种新的语言智能新生态的形成，并将深刻融汇于人们的学习尤其是外语教育生态系统之中。鉴于此，外语教育必须从宏观上考虑，主动求变，积极应对，从政策和理论、管理和行动上，在技术上、内容上，甚至观念、思想、文化以及技术伦理上，做好政策和策略的应变准备。

首先是在外语教育政策上。由于语言智能提供了极佳的外语文字应用的实践交互场域，中国高校外语教育（包括大学外语）遇到了千载难逢的良机。可以借此机遇调整高校外国语言文学的学科内涵、专业结构以及人才培养目标等，从过去的语言本体研究全面转向应用研究，构建起以语言为基础，向所有涉外学科专业知识过渡的"大外语"学科框架体系，以便真正完成"会语言、通国家、精领域"的育人目标。同时也使外语学科的目标定位更开放，更精准，更加融入全球教育体系和知识体系，并让外语能力成为每个现代受教育者必备的人文素养之一。人工语言智能学习机器人时代的到来，为上述政策的调整在语言本体知识学习和语言应用训练方面都提供了最佳机遇和可能。

从策略上看，主动求变和积极应变，意味着我们不仅要接受和认可人工智能语言学习环境、学习条件，还应努力寻求外语教学内容、教学方法以及培养目标的改变。传统的中国高校外语专业教育比较重视文学、语言学、翻译学等传统学科人才的培养，但是目前的外语学科与专业亟须与数据科学和人工语言智能专业教育结合起来，在人工语言智能以及自然语言处理加工方面，培养更多的跨学科高阶人才。ChatGPT的出现，本身就说明了全球自然语言处理这一科技前沿竞争性学科能力的重要性。而这一竞争才刚刚开始，未来的人机对话、人工智能和语言智能的结合等领域更是一片深不可测的海洋。

其次是在外语教学实践层面上。人工智能模型ChatGPT对外语教育的影响主要发生在教学和学术两个层面。一是帮助师生提高工作或学习效率。ChatGPT就像在线的百科顾问和小助手。教师可以借助它快速查找资料、撰写教案、编写练习题、批改作业、出题批卷等以提高工作效率，也可以借由数字化教育的链接或插件将其融入课堂，在课堂上利用它丰富的教学案例即时评估学生的表现。学生可以将它用作在线词典随时查询语法或单词，也可以用作虚拟伙伴进行外语对话练习，提升阅读、口语、写作能力，甚至可以用作人工智能家教对学生进行个性化指导，为学生量身定做学习计划，对学生掌握的知识进行查缺补漏等。二是帮助科研人员提高获取信息、提炼信息、收集加工数据、统计数据等的效率，毕竟站在拥有海量数据且不断学习进化的人工智能的肩膀上视野将变得更加宽广。

面对冲击，如何应变

ChatGPT 在给外语教师教学赋能的同时也带来一些问题。一是具有人工智能的通用风险，如数据来源和使用的合规性问题、版权争议问题、可能的虚假信息传播问题、生成内容的偏见性问题等（彭茜，黄堃，2023）。二是对教育主体和客体行为存在的冲击。对学生而言，如果直接依赖工具完成作业而不是借助工具并发挥自己的主观能动性去完成作业，是否将造成其学习能力的退化？如果给学生布置的作业能够直接用工具完成，那么还有布置作业的必要吗？外语教师面对前所未有的人工智能挑战，既要反思如何优化教学、更新人工智能浪潮冲击下的教育理念，又要反思自己的职业素养是否足以战胜人工智能。因为人工智能的外语知识储备显然超过人类，在作文写作、语法辅导、阅读理解、即时翻译等方面甚至比一般的教师更强。

面对 ChatGPT 带来的机遇和挑战，外语教育从业者要清醒地认识到人工智能的优势和劣势，做到善用而非滥用工具，淡然而积极地应变。人工智能时代，不懂人工智能的教师不会被人工智能替代，但是会被懂人工智能的教师替代（张学军，董晓辉，2020）。对于一般外语教师来讲，一是要主动拥抱人工智能语言模型技术。仅懂外语专业还不够，要在尽可能多了解人工智能的工作原理即算法的基础上，学会如何更加有效地提问，思考如何更好地使用技术赋能外语教育教学。二是要转变传统的知识灌输型教学模式，从外语专业知识教学转向高素质、国际化人才的核心素养的培养。传统的外语教育角色将由人工智能与教师共同承担。所有外语听说读写译的知识技能都可以由机器来协助教学，但是"人只能由人类自己来教育，育人为本是教育的出发点和归宿"（张学军，董晓辉，2020）。在海量外语学科知识的背后，如何完成"立德树人"的任务，深化对学生思想文化内涵的熏陶培育，却是教师面临的新任务。

高校外语教师还需要重新定位自己在课堂中的角色和作用。要把自己当成学生的问题同伴、求知伙伴、技术玩伴和心灵陪伴。教师在面对强大的人工语言智能工具时应引导和陪伴学生无缝衔接，进入智能化、智慧化外语学习与实践过程中。在与机器的交互问答过程中，培育学生的求知欲、探索欲及问题意识，训练学生的问题表述能力、概念辨析能力、分析判断能力、逻辑思辨能力、归纳演绎能力、价值评判能力、批判思维能力，以及语言领悟能力、词句表达能力、篇章组织能力甚至常识鉴别能力等等。面对人工语言智能机器人程式化、模块化等似是而非的外语答问，让学生进行基于批判性思维的训练、鉴赏与评价，在修改、润色中彰显自己的人文特质和创新优势，提升自己的艺术审美水平和道德伦理高度等这些人类独有的重要人文素养。总之，教师要变成思辨能力培养者、技术应用指导者、知识学习促进者、学习过程中的伙伴和情感的呵护者（王作冰，2017）。

结语

以 ChatGPT 为代表的人工语言智能产品已然拉开人机交互新时代的序

幕，"机器人"与真实人类之间虚拟"关系"的存在已经变为现实。人工智能语言模型为超海量、自由式、个性化、任意性的即时人机对话铺平了道路，将会对传统的教育教学造成不可估量的影响，严重冲击中国高等外语教育的格局，深刻影响未来的跨文化、跨语际交流沟通方式、知识交融方式以及文化融合速度等。面对人工智能的冲击，我们不再有掩耳盗铃、充耳不闻的理由，中国外语教育需要直面并接受这一科技成就，敞开怀抱，积极应变，在人与机器的博弈中寻找更高难度和更高层次教育教学的突破。

参考文献

◆ 胡开宝，田绪军.语言智能背景下MTI人才的培养：挑战、对策与前景 [J].外语界，2020（2）.

◆ 彭茜，黄堃.ChatCPT，变革与风险 [N].新华每日电讯，2023-02-14.

◆ 谭铁牛.人工智能的历史、现状和未来 [EB/OL]. Retrieved from http : //ia.cas. cn/xwzx/mtsm/201903/t201903115252250.html, 2019.

◆ 王作冰.人工智能时代的教育革命 [M].北京：北京联合出版有限公司，2017.

◆ 徐云峰.新一代人工智能的发展与展望 [EB/OL].Retrieved from https : // epaper.gmw.cn/zhdsb/html/2021-06/09/nw.D110000zhdsb202106091-18. htm, 2021.

◆ 张学军，董晓辉.人机共生：人工智能时代及其教育的发展趋势 [J].理论探讨，2020（4）.

◆ 周建设，吕学强，史金生，等.语言智能研究渐成热点 [N].中国社会科学报，2017-02-07.

胡壮麟

ChatGPT 谈外语教学[①]

北京大学英语系教授、博士生导师。研究方向涉及语言学理论与流派、功能语言学、语用学等。所编教材《语言学教程》获1992年国家教委优秀教材一等奖,《语言学教程》(第5版)获教育部全国优秀教材(高等教育)一等奖。

引言

2022年12月以来,网上不时出现有关聊天机器人ChatGPT的报道,这些信息逐渐引起我的兴趣。与此同时,我发现美国、法国、英国等国多所名校禁止学生在校内使用类似于ChatGPT的人工智能工具来完成教学任务和考试(周明阳,2023)。香港大学也表示,禁止在香港大学所有课堂、作业和评估中使用ChatGPT或其他人工智能工具[②]。作为一名退休20多年的英语教师,我很想了解这位聊天机器人与外语教学的关系,可惜我在网络应用技术方面赶不上新时代、新科技的发展,于是决定虚心向北京大学的计算语言学家苏祺请教,并提出一些问题,烦请苏祺代我在2023年2月16日和27日与ChatGPT

---

① 本文发表于《中国外语》2023年第3期。
② 《南华早报》,2023年2月18日。

聊天两次，分别提出 2 个和 10 个与外语教学有关的问题。之后，又请中央财经大学李璐遥代我在 2 月 16 日早晚各上网一次，与 ChatGPT 聊天，每次提出10 个问题。现将聊天中 ChatGPT 有关外语教学的观点整理总结如下。

ChatGPT 在外语教学中的应用

关于 ChatGPT 与高等教育的关系，钟秉林等学者已发表相关文章（钟秉林，尚俊杰，王建华，等，2023），本文不再重复。我首先让苏祺提的问题便是网络上很少报道的 ChatGPT 在外语教学中的应用。ChatGPT 的回答很明确，它虽然只是一款人工智能模型，但可以广泛应用于外语教学，具体谈到以下四个方面的内容。

（1）与语音识别引擎结合使用：当学生朗读外语材料时，可以使用语音识别引擎将学生的发音转换为文本，然后将其输入到 ChatGPT 模型中，以便分析学生的语音错误并提供反馈。这样的技术被称为语音识别技术。此外，ChatGPT 还可对文本进行分析并生成反馈。

（2）语言交流：ChatGPT 可以模拟自然语言对话，并为学生提供语言交流的机会。通过与 ChatGPT 对话，学生可以提高语言交流能力，同时还可以得到语法、发音和词汇等方面的反馈和建议。

（3）语法、词汇练习：ChatGPT 可以生成大量的语言材料，包括句子、段落和文章，学生可以通过阅读和理解这些材料来提高他们的阅读和写作能力，并学习到更多的语法规则和词汇。

（4）智能辅助写作：ChatGPT 可以帮助学生生成自然流畅的语言，帮助学生提高写作能力。ChatGPT 也可以通过自然语言生成技术生成高质量的批改和修改建议，帮助学生改善他们的写作技能。

上面的回答说明，ChatGPT确实能和外语教师讨论外语教学问题，它对我所提问题的回答是有针对性的、系统性的。

接着，我们提了一个与此相关的问题，那就是它的回答主要谈"听、说、读、写"，未提到翻译。ChatGPT对此表示歉意后，认为它在翻译方面也可以提供一些有用的帮助和服务，如它"可以进行机器翻译和文本翻译，将一种语言的文本转换为另一种语言的文本，以帮助学生进行语言学习和跨语言交流"。又如，学生可以使用它的机器翻译功能来阅读和理解外文资料，或者使用它的文本翻译功能来撰写跨语言的论文、报告或邮件等。

ChatGPT坦陈，与其他技术一样，它的使用也存在一些局限性和挑战。例如，翻译质量可能不如人工翻译，尤其是涉及语言中特定的文化背景、词汇和习惯用语时。此外，它的翻译功能可能无法全面评估原文和译文的语言和文化差异，也无法替代人类翻译员的角色。由此可见，在将ChatGPT作为翻译教学工具使用时，仍需要人类教师或专业人士的指导和监督，以确保学生的学习效果和翻译质量。同时，学生也需要认识到ChatGPT的局限性，谨慎地使用它的翻译功能，避免误导。不管怎样，在ChatGPT与我们聊天时，它可以同时使用中、英两种文字谈话，英汉互译的质量基本上是可以接受的。详细情况见耿芳和胡健发表的专论ChatGPT与翻译教学的文章（耿芳，胡健，2023）。

ChatGPT对外语教学管理部门的帮助

关于ChatGPT对外语教学管理部门的作用，它的意见是肯定的。ChatGPT认为，自己可以"为外语院校的管理部门提供各种帮助和支持，以提高教学和管理效率，优化教学和学习体验，促进学生和教师之间的交流与合作"。具体表现在以下三个方面：

（1）自然语言处理和自然语言生成：如自动翻译、语音识别、文本分类等。

（2）智能客户服务和虚拟助手：为外语教学管理部门提供这方面的服务，解答学生和教师的问题，提供快速的响应和支持。

（3）课程管理和教学评估：帮助学校有关部门管理和优化课程设置、教学计划和教学评估，提高教学质量和效率。

在回答"对教师还是对学生有更大帮助"这一问题时，ChatGPT 认为，作为一个人工智能模型，它"没有个人偏好和情感"，因为它的目的是"为用户提供高质量的语言处理和自然语言生成服务，帮助他们解决语言方面的问题和困难"。这就是说，它所说的"用户"既包括教师，也包括学生。

ChatGPT 对外语教师的帮助

ChatGPT 先后谈到以下四个方面：

（1）资源和教材支持：为外语教师提供语言学习资源、教学材料和课程设计支持，帮助教师更好地准备和展开教学活动。

（2）口语练习和写作指导：协助外语教师工作，提供口语练习和写作指导服务，帮助学生提高口语和写作能力，增强语言表达能力。

（3）自动评估和反馈：帮助外语教师评估学生的学习成果和语言水平，提供针对性的反馈和建议，以便学生更好地掌握语言知识和技能。

（4）虚拟教学和互动体验：帮助外语教师通过网络和在线工具与学生进行教学互动和合作，提供更加灵活和多样化的教学方式和体验。

ChatGPT 对学生外语学习的帮助

就"ChatGPT 能否帮助外语学生修改作业并指出语言中的错误"这个问

题，它表示它可以检查学生作业中的语法、拼写、标点符号等语言方面的错误，并提出相应的建议和修改意见。具体例子可参阅《中国外语》2023年第3期中央财经大学4位教师所写的2篇有关写作和翻译的论文（耿芳，胡健，2023；魏爽，李璐遥，2023）。不论是ChatGPT，还是这4位教师，都认为ChatGPT的修改"只能作为参考，最终的修改应由学生自己或教师完成"。此外，它"不了解具体的作业要求和标准，因此无法在内容和结构方面进行准确、合适的修改或提出建议"。

关于ChatGPT能否通过与学生的聊天了解学生的外语知识和学业是否有预期的进步，并把这个信息提供给教师，它的答复是"无法直接知道学生在其他方面的学习情况"，但是它"可以帮助学生，提供语言方面的建议和指导，帮助他们改进写作和口语技能"。与此相比较，教师如果希望了解学生的进步情况，可以要求学生提供他们的作业或口语表现，并将其与之前的表现进行比较。此外，教师也可以考虑与学生面谈，以了解他们的学习情况。学生的进步与许多因素相关，如学生的学习态度、动力、学习环境和学习资源等。全面掌握这些情况对机器人来说是有困难的。

同样，对于ChatGPT能否改正学生作业中的具体错误，它的答复是，它可以检测和指出学生作业中的错误，但无法直接编辑或更正学生作业中的错误。它可以提出建议和纠正措施，以帮助学生改进他们的作业和语言技能。例如，对学生在作业中所犯的语法或拼写错误，它可以提供有关单词用法、句子结构和语言表达的建议和指导，帮助学生提高他们的写作技能和表达能力。尽管如此，学生仍需要仔细阅读它的建议和纠正措施，并自行修改和更正。此外，学生自己也需要识别和理解他们使用外语时的错误，并尽可能地避免再次犯同样的错误。在这样的反馈和学习过程中，学生可以逐步提高他们的语言能力。

ChatGPT 对退休外语教师的指导

作为一名退休的英语教师，我向 ChatGPT 提问"外语教师退休后如何继续发挥作用？"。它的回答很清楚，"作为一名退休的英语教师，您可以继续在教育领域发挥作用，分享您的知识和经验，并为学生和其他教师提供指导和支持"。接着，它还提出如下建议：

（1）参与志愿者工作：为那些需要帮助和支持的人提供英语教育和指导，可以加入当地的教育机构、社区服务组织或慈善机构，提供免费的英语课程和辅导服务。

（2）开设英语培训班：在具有充分时间和资源的情况下，退休教师可以考虑开设英语培训班，为那些想要学习英语的人提供教育和指导；也可以选择在线教育平台或当地教育机构开设课程，提供英语听、说、读、写方面的培训。

（3）撰写外语教学文章：可以撰写教育文章，与学术界分享外语知识和经验；可以将文章发布在博客、社交媒体或专业教育网站上，当然也可以发表在外语刊物上，为其他教师和学生提供有用的教育信息和建议。

（4）参加教育会议和研讨会：与其他教育专家和从业者交流，既可以与他人分享本人积累的教学经验和见解，也可以了解最新的教育趋势和技术。

（5）在线教学和指导：随着网络技术的发展，通过在线教育平台和视频会议工具，为学生和其他教师提供远程教学和指导服务；也可以与学生或其他教师通过视频会议进行交流，提供远程教学和指导服务，帮助学生和其他教师提高英语水平。

阅读ChatGPT的上述建议，我发现它正像一位在中国土生土长的退休英语教师。因为我本人退休后，确实是这么享受和度过我的退休生活的，我没有跳出它的归纳。

外语教育界对ChatGPT的负面意见

鉴于ChatGPT对它自己在外语教学中的功能和作用谈得都比较中肯，我和苏祺指出，一些网络平台，甚至国内外著名高校对它采取了严格的管控措施，请它就此发表意见。对此，ChatGPT坦陈，它不能像教师一样直接面对学生，正如其他任何技术一样，它的使用也存在一些局限性和挑战。

考虑到一些高校和外语教师对它的否定或严格管控主要涉及学生抄袭问题，下面把ChatGPT回答问题的图片直接插入本文。

SU　学生抄袭怎么办？

学生抄袭在教育领域是一种常见的违规行为，但是它是严重违反学术诚信和道德规范的行为，应该受到严厉打击。以下是一些应对学生抄袭的措施和建议：

1. 预防为主：在学生提交作业前，可以进行必要的预防工作。例如，教师可以提供明确的作业要求和评估标准，以减少学生的抄袭行为。此外，使用在线作业提交系统、反抄袭工具等技术手段也可以有效地预防学生抄袭。
2. 采取惩罚措施：一旦发现学生抄袭，教师应该及时采取惩罚措施。具体的惩罚方式可以包括给予零分、让学生重新完成作业、严肃批评等。此外，还可以记录学生的违规行为，并在学生的档案中作出相应的记录，以便日后参考。
3. 教育引导：除了惩罚，教育引导也是应对学生抄袭的重要手段。教师可以向学生讲解抄袭的危害和违规行为的后果，引导学生树立正确的学术观念和道德观念，培养学生的自主学习和创新能力。
4. 与家长沟通：如果学生的抄袭行为屡教不改，教师可以与学生的家长沟通，了解学生的情况，共同探讨解决方法，共同培养学生的学术诚信和道德规范。

总之，应对学生抄袭需要综合使用多种手段，包括预防、惩罚、教育引导和家校合作等，以帮助学生树立正确的学术观念和道德观念，促进学生的健康成长。

仔细阅读ChatGPT的回答之后，我认为它对如何防止学生抄袭的建议是有参考价值的。

结语

从上面所介绍的聊天内容看，ChatGPT在外语教学中能起一定作用，例如，在听力和口语方面，它可以为学生提供听力材料和口语练习，包括听力理解、口语表达和发音练习等。在阅读和写作方面，它可以为学生提供阅读材料和写作练习题，并进行评估和反馈，包括提供阅读和写作技巧、语法纠错等。它也可以通过翻译帮助学生了解某些语言学习中难以掌握或理解的内容。

但是，ChatGPT不能解决外语教学中的所有问题。ChatGPT有自知之明，因为它的训练数据来源于各种语料库和互联网文本，它的语言输出可能包含一些不准确、不合适或者不文雅的表达方式。这可能会给外语学习者带来误导或不良影响。因此，在使用ChatGPT作为外语教学工具时，需要有人类教师或专业人士的指导和监督，以确保学生的学习效果和语言表达的准确性。有鉴于此，ChatGPT在发表观点时，总是主动开口，明确告诉与它聊天的教师和学生，它是作为一个"人工智能机器模型"跟大家聊天的，也就是提醒我们不能把它当作正常人类。正如国内专家任福继在记者访谈时所言，ChatGPT具有很大的爆破力，但它仅仅是一个工具（赵琪，刘雨微，2023）。

在聊天过程中，ChatGPT能主动积极地自我检讨。例如，它谈到自己有语音识别的功能时，苏祺老师立即插话追问："为什么你刚才说ChatGPT可以通过语音识别技术帮助学生练习听力？"它竟然能先做自我检讨："非常抱歉，我刚才说的可能不太准确。ChatGPT 本身并不具备语音识别的功能，它是一种自然语言处理模型，主要用于处理和生成自然语言文本。语音识别是另一种技术，通常需要用专门的语音识别引擎。"说完以后它才回答问题。

在许多情况下，它也会分析自己的问题，"在外语教学方面，一些人可能认为，与人类语言教师相比，我缺乏对学生的个性化关注、感性理解和情感连接。人类语言教师能够识别学生的学习风格、难点、进步和需要，并能够根据这些因素进行针对性的教学和辅导。同时，他们还能够为学生提供情感支持和激励，以帮助他们克服学习困难和保持学习动力"。

在完成自然语言处理任务时，ChatGPT 也受到了一些批评。一些研究人员和观察者担心，ChatGPT 的生成模型可能会产生偏见或不合适的内容，因为它是通过学习大量的人类语言数据得到这些内容的。这取决于两个因素：一是数据的数量和质量，数据越大、质量越高，ChatGPT 处理问题的准确率越高；二是政治因素和使用者的立场，这些会影响它对问题的判断。

这里有必要指出，网上出现了一些对 ChatGPT 全盘否定的观点，这是不可取的。正确的态度是发现和改进在应用 ChatGPT 的过程中出现的问题，如学生作文的抄袭问题。网上甚至出现了这样的观点，要我国政府把精力放在关心本国人民的生活上，不要紧跟美国搞人工智能研究。我认为这与发展核武器、空间站、芯片等先进技术的情况一样，我们要关注 ChatGPT 研究在国外的发展，更要重视和强调该项研究的本土化，使中国成为真正意义上的社会主义现代化强国！因此，我非常赞同杨敏和王亚文的文章，它正确认识和评价了 ChatGPT 的问世（杨敏，王亚文，2023），我也赞同李颖和管凌云的研究成果（李颖，管凌云，2023）。至于 ChatGPT 的发展过程和技术评价，则需要阅读苏祺和杨佳野的论文了（苏祺，杨佳野，2023）。

参考文献

◆ 耿芳，胡健.人工智能辅助译后编辑新方向 —— 基于ChatGPT的翻译实例研究 [J].中国外语，2023（3）：41–47.

◆ 李颖，管凌云.生成抑或创新 —— 聊天机器人应用与研发的本土化反思 [J].中国外语，2023（3）：16–23.

◆ 苏祺，杨佳野.语言智能的演进及其在新文科中的应用探析 [J].中国外语，2023（3）：4–11.

◆ 魏爽，李璐遥.人工智能辅助二语写作反馈研究 —— 以ChatGPT为例 [J].中国外语，2023（3）：33–40.

◆ 杨敏，王亚文.ChatGPT的"理解"与"意义"：论其生成语言背后的形式、功能与立场 [J].中国外语，2023（3）：24–32.

◆ 赵琪，刘雨微.ChatGPT科研无法代替人类 [N].中国社会科学报，2023–02–24.

◆ 钟秉林，尚俊杰，王建华，等.ChatGPT对教育的挑战（笔谈）[J].重庆高教研究，2023（3）：3–25.

◆ 周明阳."ChatGPT 禁令"频发为哪般 [N].经济日报，2023–03–02.

吉尔·雷特伯格

多语言、单文化的 ChatGPT 正在学习你的价值观^①

吉尔·雷特伯格（*Jill W. Rettberg*），挪威卑尔根大学数字文化教授。"社交媒体个人自我呈现的领先研究者"，以社交媒体传播的创新研究而闻名，于 2000 年开设研究博客 *jill/txt*，并在 2017 年开展"色拉布研究故事"项目（*Snapchat Research Stories*）。

和互联网上的其他人一样，我一直在使用 ChatGPT，这是 OpenAI 发布的新人工智能聊天机器人。我对它的出色表现以及其中依然存在的大量错误十分感兴趣。

ChatGPT 是一个基础模型（foundation models），即一个深度学习模型（也称为神经网络）。这种模型的训练是在极大量的数据和参数基础上进行的，与你所能进行的自行性训练模型有质的不同。我想知道 ChatGPT 是在什么数据上进行训练的，但事实证明这样的信息并不容易获得。

---

① 原文标题：*ChatGPT is multilingual but monocultural, and it's learning your values*，发表于博客 jill/txt（2022 年 12 月 6 日）。

在阅读全部所能获得的内容后，我的结论是：ChatGPT 是多语言、单文化的——但我们在使用它的过程中也在帮助训练它，使它的价值观与我们的价值观保持一致。

ChatGPT 是基于什么进行训练的

基本原理很清楚，ChatGPT 是基于 GPT 模型（GPT-1、GPT-2、GPT-3 和 GPT-3.5 系列）进行训练的。这些模型从网页和书籍中收集了大量的数据，我将在下面更详细地讨论它们。

此外，如欧阳龙等人所述（Ouyang et al., 2022），ChatGPT 的训练基础是 InstructGPT，这是一种可以以使用者所写的"期望响应"作为提示，进行校准、微调并进行训练的模型。之后，人工标注员对 GPT-3 的响应进行评分（大概类似于 ChatGPT 要求我们对其回答点赞或点踩）。一个模型根据标记的响应进行训练，以预测人类的偏好，这样就有了 ChatGPT 的基础——InstructGPT。

该团队将 InstructGPT（ChatGPT 的基础）描述为与他们最初聘请测试它的 40 名标注员的价值观一致，并指出它还"偏向于说英语者的文化价值观"。

"更一般地说，使模型的输出与特定人群的价值观相一致，会造成具有社会影响的困难选择。我们终归需要建构负责任的、包容的流程来做出这些决定。"（来自 OpenAI 的《调整语言模型以遵循指示》[①]）

InstructGPT 的模型卡片说明它仍然存在问题，比如一个严重的问题是它

---

① 原文标题：*Aligning language models to follow instructions*。

会编造"事实",而且,它真的很擅长让它的"事实"听起来很有说服力。

在这篇博文中,我将详细说明它训练所依据的数据,它是如何工作的,以及人们每次使用模型时是如何训练它的。

深度学习模型如何理解世界

首先,人工智能模型GPT系列训练的数据是什么?这是一个来自2020年介绍GPT-3的论文中的表格(Brown et al., 2020):

表1　用于训练GPT-3的数据集

数据集	数量(标记)	训练数据权重	训练300B标记经过的时间跨度
一般抓取(清洗)	4 100亿	60%	0.44
网络文本2	190亿	22%	2.9
书籍1	120亿	8%	1.9
书籍2	550亿	8%	0.43
维基百科	30亿	3%	3.4

我将在下文细说每个数据集,这里先来解释标记(token)、向量(vector)、隐空间(latent space)。

像GPT-3这样的模型基于标记计数。标记是机器学习单元的最小语义单元,就像音位是口语中区分一个词与另一个词的最小语音单元一样。通常一个标记对应一个词,当然现实情况更为复杂。基本的GPT-3模型是在无标签的数据上进行训练的,因此它可以弄清楚标记本身是什么。像GPT-3这样的模型通过为每个单词分配一个向量来计算标记(我们就说单词吧)之间如何相互关联。例如，在一个依据维基百科和新闻专线数据进行训练的特定模型中，麦考伊（J. P. McCoy）和乌尔曼（T. D. Ullman）解释说，"单词dog表示为向量［0.308，0.309，0.528，？0.925，….］"。如果将其绘制到坐标系中，那么训练数据中经常与dog同时出现的单词的方位也将靠近dog。这种单词相互关联的"地图"也称为"向量空间"或"隐空间"，甚至简称为"空间"。

　　还记得我们在六年级画的那些x/y坐标网格吗？有点像那样。除了不是二维（x轴和y轴）之外，还有数十亿个轴或参数。

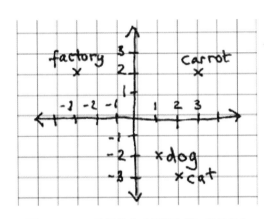

图1　GPT-3的思维方式就像这样，但量更大

　　一旦GPT-3被训练，它就不再"知道"关于它的训练数据的任何事情。它只知道那些坐标，例如dog是［0.308，0.309，0.528，？0.925，….］（其中…代表更多的数字），它还知道dog接近于其他哪些词（或标记）。所有这些标记及其在数十亿个不同参数中的坐标，构成了模型的"隐空间"。

　　好的，回到关于GPT-3训练数据的表格。一般抓取数据集（common crawl）是获取海量的网络数据。网络文本2库（WebText2）是Reddit帖子中的共享网页，至少要获得三个赞。书籍库1和书籍库2（Books1 and Books2）具体来源不清，但有可能是古腾堡图书馆（Gutenberg Library）、书籍语料库（BookCorpus，一个免费、自助出版的书库）和书籍下载网（libgen）。最后，维基百科指的是英文维基百科，而不是全部。标记的数量表示每个数据集的内容量，但它们的权重并不相等，以下是一个显示相对权重的表格。

表2　GPT-3训练数据集的相对权重

数　据　集	权　　重
一般抓取数据集	0.73
网络文本库2	5.5
书籍库1	4
书籍库2	0.72
维基百科	3

网络文本库2占总标记的4%，但占加权标记的22%，因此如果同等对待每个数据源的话，那么网络文本2中每100个单词的计数是预期的5.5倍。维基百科和书籍库1的权重也很大。

这些数据集究竟是什么？OpenAI对此含糊其词。下面是我到目前为止的发现。

一般抓取数据集（清洗）

一般抓取数据集是一个爬取了40多种语言的网络数据的开放存储库。在一篇论文中，杰西·道奇（Jesse Dodge）及其合作者记录了一个以GPT-2训练数据所描述的方式清洗过的一般抓取数据集版本。

道奇等人分析了一般抓取数据集的三个级别：（1）元数据，比如数据来自哪些域，以及创建或收集的时间；（2）文本本身；（3）缺少或未包含的内容。

在元数据层面，他们发现美国域名占主导地位，其内容远远超过英语人口很多的印度或巴基斯坦，文中说：

"51.3%的页面托管在美国。据估计，说英语人口排名第二、第三、第四的国家——印度、巴基斯坦、尼日利亚和菲律宾——的 URL 数量仅为美国的3.4%、0.06%、0.03%、0.1%，尽管这些说英语的人口有数千万。"（Dodge et al., 2021：4）

他们发现了数量惊人的专利信息数据，其中很多是机器翻译的，因为各个国家/地区都要求使用本国语言记录专利信息，甚至还有通过 OCR 得来的专利信息，因此相当多的文本是以某种方式由机器生成的。最后，他们发现用于删除禁用词列表单词的过滤器"不成比例地删除了与少数民族身份相关的英语方言文档（例如非裔美国人英语文本等）"（Dodge et al., 2021：2）。你可以自己查看"禁用词列表"，很明显，这些"坏词"大部分都被删除了，清洗过滤掉了色情内容以及一些诽谤和脏话。这意味着代表少数群体的文本是缺失的。

所以说，这里面有一些偏见。此外，如果爬取"所有网络"的数据，必然会有很多质量不高的语言数据。下一个语料库旨在解决这个问题。

网络文本库2

网络文本库2是一个网站语料库，包含获得三个或更多赞的 Reddit 帖子，这样就可以保证网页内容具有一定的质量。具体用于训练 GPT-3 的语料库我们无法获取，但后来经过了重建，现在可以作为开放网络文本库2下载，其中还包含有关如何重建数据集的说明。

"我们创建了一个强调文档质量的新的网络信息抓取器。为此，我们只抓取了人工策划/过滤的网页。所有经过手动清洗、过滤的网络信息都异常有价值，因此作为起点，我们从社交平台Reddit抓取了所有至少获得三个赞的出站链接。这可以被认为是其他用户是否觉得该链接有趣、有教育意义或只是搞笑的简单指标。"（Radford et al., 2019：3）

不幸的是，Reddit用户并不是所有人类的代表性样本，因此这也可能存在偏见。并且以三个赞作为指标数量要求并不多，但OpenAI必须信任这个数据集，因为网络文本库2是用于训练GPT-3的所有五个样本中权重最高的样本。

书籍库1和书籍库2

原始论文中对这些数据集的描述令人失望地含糊不清，只说是"两个基于互联网的图书语料库（书籍库1和书籍库2）"。

据推测，OpenAI之所以含糊其词，可能是想避开版权问题。我假设（或者希望）其中至少有一个是古腾堡图书馆，它是公共领域的书籍。如果是这样的话，为什么不直接说呢？

许多人认为其中之一是书籍语料库，它包含11 038本在碎字网（Smashwords）上自助出版并免费提供下载的书籍。书籍语料库肯定被用于训练GPT-1和BERT（另一种大型语言模型）。书籍语料库的数据集可从抱脸公司（Hugging Face）获得，杰克·班迪（Jack Bandy）和尼古拉斯·文森特（Nicholas Vincent）发表了一篇记录文章。班迪和文森特认为，书籍语料库数据集最大的问题是：

（1）尽管这些书是免费的，但许可证并没有真正允许这种使用。这在法律上是可疑的。

（2）有很多重复（尤其是言情小说），一些作者在数据集中出版了数百部小说，所以它并不完全具有代表性。

（3）存在一种宗教倾向，即信奉基督教的人数过多。

其他人发现书籍语料库中存在大量"毒性语言"（Gehman et al., 2020）。鉴于"毒性语言"包括调情以及任何与性相关的、威胁或侮辱性的行为，这真的不足为奇。我的意思是，这就是文学，大家想从文学中获得这些东西。上下文语境是至关重要的，语言模型是否可以识别这种上下文？

《引诱敌人》（Enticing the Enemy）是不久前出版的一本书，目前可以在碎字网上免费获得。试看小说的前两段，我相信你不会对这种风格感到惊讶：

"没有多少人与我或我的任何家庭成员作对，但当有人真的这样做的时候，我发现那是很有趣的事情。

"盯着那个对我大喊大叫的女孩，我几乎感到羞耻的是，我不得不对她的麦琪或列侬感到恶心。虽然我们的光荣准则可能并不总是那么光荣，但这些涉及到性别公平的规则自出生以来就在我们心中根深蒂固。当我们这些人处理任何愚蠢到与我们家族纠缠的男性时，我们把任何同样愚蠢的女孩留给我的姐妹们。"（M.E.克莱顿《引诱敌人》）

想象你是一个神经网络，输入这些数据并为标记分配价值，这样你就可以在你的向量空间中组织它们。"女孩"接近"大喊大叫"和"愚蠢"，所以"大喊大叫"和"愚蠢"大概也是有关系的。

他们的想法是，有了足够的数据，最终会得到许多的参数，这样就不必担心这种性别刻板印象了，因为会有足够多的积极的东西来平衡。或许吧。

InstructGPT通过让人类标记响应来解决它，我猜大多数人会标记出"女孩是愚蠢的并且一直大喊大叫"，从而训练模型来避免这种情况。

维基百科

GPT-3训练的数据集还包括英语维基百科页面（Brown et al., 2020）。维基百科有很多重要信息，但我们知道编辑者存在很大偏见。一项2015年针对有关男性和女性文章之间差异的分析发现，不仅在信息范围、所关联内容方面存在明显差异，在描述女性的方式上也存在明显差异。有趣的是，GPT-3仅在英语维基百科上进行训练，而英语和俄语版本的性别偏见最为强烈。

这意味着什么

人工智能正在变得越来越好。虽然它仍然存在问题，但能生成令人信服的语言。它是根据我们知道存在偏见的可疑数据进行训练的——尤其是维基百科、自助出版的小说和Reddit页面。但是，通过添加标记过的"价值对齐"（value alignment），它可以更好地避免最明显的毒性和偏见，尽管它仍然经常伪造信息。它似乎使用一些模板来处理与偏见、价值或暴力相关的潜在难题。答案也倾向于遵循以美国为中心的体裁，例如三段式论文。[①]

ChatGPT是多语言但单文化的

令我感到惊讶的是，ChatGPT在用挪威语回答问题方面表现出色。它

---

① 三段式论文是一种简单的文章结构，由三个部分组成：引言、主体和结论。

的多语言能力可能具有很强的误导性，因为它是在英语文本上训练的，其中嵌入了文化偏见和价值观，并与一小部分美国文化背景的人工标注员的价值观保持一致。这意味着：（1）ChatGPT 对挪威文化了解不多，或者更确切地说，它对挪威文化的了解可能主要是从英语语言资源中得到的，它即时将其翻译成挪威语。（2）ChatGPT 明确符合美国的价值观和法律。在许多情况下，挪威和欧洲的价值观与美国接近，但情况并不总是如此。（3）ChatGPT 经常使用美国文体和模板来回答问题，例如三段式论文或标准自助策略（standard self-help strategies）。[①]

定制价值观：我们正在训练人工智能以符合我们的价值观

通过使用 ChatGPT，我们训练它，以使它更符合我们的价值观。我们正在为 OpenAI 提供一个庞大的、人工标记的数据集，显示我们喜欢的和不喜欢的回应。InstructGPT 在美国接受了 40 名人工标注员的训练，而 ChatGPT 正在接受全世界成千上万人的训练。

目前，ChatGPT 是免费使用的，它给出的每个答案都有一个赞成或反对的选项。如果你单击该图标，它会要求你提供更多反馈。

InstructGPT 使用来自 40 个人工标注员的标记来实现"价值对齐"（Ouyang，2022：2）。ChatGPT 正在极广地提供更多的数据，虽然使用 ChatGPT 是免费的，但你必须创建一个账户。OpenAI 知道我的电子邮件和我所在的国家/地区，因此他们可以假设我如何对 ChatGPT 回应内容的判断

[①] 标准自助策略是指一些可以帮助你提高自我意识、解决问题、实现目标、增强信心和幸福感的方法。例如，你可以制定短期和长期的目标，检查它们是否现实和可行，寻找资源和支持，记录你的进步和成就，以及奖励自己的努力。

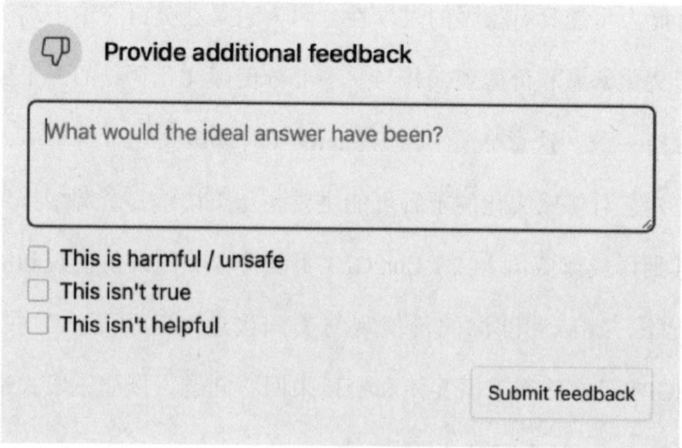

图2　ChatGPT收集反馈的界面

符合"挪威价值观"。OpenAI 还知道我使用什么设备、浏览器和操作系统，这些可以代表阶级和社会经济地位。

据推测，OpenAI将微调其人工智能，以了解不同国家、使用不同设备和浏览器的人们的喜好。也许他们会将未来的GPT价值观与"挪威的有时使用较新款但不是今年型号的苹果手机进行连接的MacOS用户"的价值保持一致。就像定制广告一样，只是这是个虚拟的朋友、伙伴、对话伙伴。

也许我们不需要创建一个"挪威人工智能"来学习挪威的价值观。OpenAI将为我们做这件事，学习我们的偏好，在我们的现实语义构造中为每个标记的向量添加参数。它将与我们完美契合。

参考文献

◆ Bandy J, Vincent N. Addressing " documentation debt" in machine learning research: A retrospective datasheet for bookcorpus[J]. arXiv preprint arXiv:

2105.05241, 2021.

◆ Brown T, Mann B, Ryder N, et al. Language models are few-shot learners[J]. Advances in Neural Information Processing Systems, 2020, 33: 1877−1901.

◆ Dodge J, Sap M, Marasović A, et al. Documenting large webtext corpora: A case study on the colossal clean crawled corpus[J]. arXiv preprint arXiv: 2104.08758, 2021.

◆ Gao L, Biderman S, Black S, et al. The pile: An 800gb dataset of diverse text for language modeling[J]. arXiv preprint arXiv: 2101.00027, 2020.

◆ Gehman S, Gururangan S, Sap M, et al. Realtoxicityprompts: Evaluating neural toxic degeneration in language models[J]. arXiv preprint arXiv: 2009.11462, 2020.

◆ McCoy J P, Ullman T D. A minimal turing test[J]. Journal of Experimental Social Psychology, 2018, 79: 1−8.

◆ Ouyang L, Wu J, Jiang X, et al. Training language models to follow instructions with human feedback[J]. Advances in Neural Information Processing Systems, 2022, 35: 27730−27744.

◆ Radford A, Wu J, Child R, et al. Language models are unsupervised multitask learners[OL]. OpenAI blog, 2019. https://cdn.openai.com/better-language-models/language_models_are_unsupervised_multitask_learners.pdf.

◆ Rettberg, J.W. Apps as Companions: How Quantified Self Apps Become Our Audience and Our Companions[M]//Self-Tracking: Empirical and philosophical investigations. Palgrave Macmillan, Cham, 2018: 27−42.

◆ Solaiman I, Dennison C. Process for adapting language models to society (palms) with values-targeted datasets[J]. Advances in Neural Information Processing Systems, 2021, 34: 5861−5873.

◆ Wagner C, Garcia D, Jadidi M, et al. It's a man's Wikipedia？ Assessing gender inequality in an online encyclopedia[C]//Proceedings of the international AAAI conference on web and social media, 2015, 9(1): 454–463.

（朱浩瑗 译）

杰弗里·巴格

ChatGPT 对语言的未来意味着什么[①]

杰弗里·巴格（*Jeffrey Barg*），语言学家、作家和讲师，《费城问询报》（*The Philadelphia Inquirer*）专栏作家，美国宾夕法尼亚大学客座教授。主持专栏《愤怒的语法家》（*The Angry Grammarian*），曾在 *TEDx*、*NPR*、*WHYY* 等平台分享见解和经验。

我们已经知道机器会赢。在语法方面，这是件好事吗？

在崭新的人工智能世界，聊天机器人可以做的事情非常之多，琐碎如给你详细的医疗诊断，严肃如让你可以和格利特[②]交谈。它们使用算法来预测下一个词，就像你的手机在输入短信时可能会做的那样……

这就提出了一个问题：聊天机器人对语法有什么影响？例如，如果我（或者更可能是你）向聊天机器人提出一个不符合语法的问题（"Is our

---

[①] 原文标题：*What does ChatGPT mean for grammar, cyberbullying, and the future of language?*，发表于《费城问询报》网（2023年3月9日）。

[②] 格利特（Gritty）是费城冰球队费城飞人的吉祥物。它是一个橙色的毛茸茸的生物，有着巨大的眼睛和胡子。它在2018年9月首次亮相，一开始受到很多嘲笑和批评，但后来因为它的幽默和反叛的个性而受到广泛的喜爱和支持。它在社交媒体上非常活跃，经常发表一些关于费城、冰球、政治等话题的有趣或挑衅的言论。——译者注

children learning？"），它能像人类一样理解你的询问吗？

机器人会一直用完美的语法来回答吗？如果它们这样做了，会不会让我们变得更好，因为我们总是有一个语法范本作为参考？还是会让我们变得更笨，就像GPS破坏了我们的方向感一样？而如果机器从错误的输入中学习了错误的语法，它们会不会用错误的语法来回应，从而使我们的问题更加严重？

"即使在几年前，（聊天机器人）也会生成有点不符合语法或完全不符合语法的文本，而且经常偏离主题，"宾夕法尼亚大学计算机和信息科学副教授克里斯·卡利森-伯奇（Chris Callison-Burch）在最近的一次采访中告诉我，"之后我们在让机器人不偏题方面做得越来越好，然后在语法方面也做得越来越好。现在，它们在很多方面都非常出色。"

每年秋天，卡利森-伯奇教500名学生人工智能，他们在那里用玩耍的方式使机器人变得更聪明。他们非常擅长这方面的工作。

卡利森-伯奇说，机器已经"从互联网上大约一万亿字的文本中训练出来"，"包括符合语法和不符合语法的文本"。机器以一种"百分之百描写主义"的方式学习语言，然后使用概率来预测接下来可能出现的词语。因此，虽然它不太可能吐出人类很少犯的错误，但那些比较普遍的错误，更有可能在机器人的语言中根深蒂固。如果有足够多的人使用一个捏造的词，比如turnt、stonks或stimmy，机器就能接受它。

这意味着机器可以加速已经在进行的语言变化。自然传播的新词新语，可能会在词典收录之前就出现在聊天机器人的记录中。这是不是很酷？

描写主义是好的，但强化人们的说话方式可能是危险的。卡利森-伯奇提出了微软的聊天机器人Tay的警示故事，这款机器人在2016年的互联网上亮相，可以模仿别人对它说的话，但在其首次亮相后不到24小时，种族主义者和厌女者就向Tay灌输了足够多的垃圾，使其成为了一台仇恨机器，开始在推特上发表诸如"希特勒是对的，我恨犹太人"之类的言论。

尽管有些人倾向于采用新技术，并将其用于欺凌或更糟的行为，但聊天机器人显示出了语言的前景，特别是对于希望改善自己说话方式的非母语人士来说。卡利森-伯奇提到，写作助手Grammarly已被证明对一些在语法方面有困难的人是有用的。他说："如果你比较聊天机器人和微软的Word给你的写作建议，你会发现它们已经取得了长足的进步。"安息吧，办公软件助手！

不过，为了使技术变得更好，从事这项工作的科学家正在做我们所有研究语言的人所做的事情：试图了解词语如何工作。

卡利森-伯奇说："没有其他物种能像我们这样真正地进行交流。动物有它们自己的交流形式，但我们有语言，它是如此丰富，并赋予我们知识和文化，以及各种令人惊讶和独特的人类特征。"

也许，如果机器能理解这一点，我们都会赢。

（伍照玲　译）

凯尔·马霍瓦尔德　安娜·伊万诺娃
不要将流畅的语言误认为是流畅的思维[①]

凯尔·马霍瓦尔德（*Kyle Mahowald*），语言学家，美国得克萨斯大学奥斯汀分校语言学助理教授。研究兴趣是计算心理语言学，主要关注人类语言作为一种有效的交流和信息处理系统的特征。

安娜·伊万诺娃（*Anna A. Ivanova*），美国麻省理工学院脑与认知科学博士候选人。

当你读到"嗨，你好！"这个句子时，你过去的经验告诉你，它是由一个有思想、有感觉的人写的，而且是由一个人打出来的。但如今，一些看起来非常像是人类写的句子，实际上是由人工智能系统基于大量的人类文本训练以后生成的。

人们习惯于认为流畅的语言来自有思想、有感觉的人类，以至于很难相信相反的事情。人们应该如何面对这个相对未知的领域？由于人们一直

[①] 原文标题：*Google's powerful AI spotlights a human cognitive glitch: Mistaking fluent speech for fluent thought; Dissociating language and thought in large language models: a cognitive perspective*，发表于对话网（2022年6月24日）。

倾向于将流畅的表达与流畅的思维联系起来，所以很自然地（但有可能是错误地）认为，如果一个人工智能模型能够流畅地表达自己，那么就意味着它的思维和感觉与人类一样。

这样我们就可以理解，为何谷歌的一名前工程师会声称谷歌的人工智能系统LaMDA具有自我意识了，就是因为它可以言之凿凿地生成关于其所谓感受的文本。这一事件被媒体报道之后，出现了一些合理怀疑的文章和帖子：人类语言的计算模型是否具有知觉，即是否能够思考、感受和体验？

人工智能模型有知觉意味着什么？这个问题很复杂〔请参考我们同事史蒂文·皮安塔多西（Steven Piantadosi）的观点〕。我们这里的目标不是解决这个问题，但作为语言研究者，我们可以用我们在认知科学和语言学方面的工作来解释，为什么人类很容易落入认知陷阱，认为能够流利使用语言的实体是有知觉的、有意识的或有智能的。

使用人工智能来生成类似人类的语言

由谷歌的LaMDA等模型生成的文本可能很难与人类的文本区分开来。这一令人惊叹的成就是一个长达数十年的项目的成果，该项目旨在建立能够生成符合语法、有意义的语言的模型。

早期版本至少可以追溯到20世纪50年代，即所谓的n-gram模型，只是简单地计算特定短语的出现次数，并利用它们来猜测什么词可能会出现在特定的语境中。例如，很容易知道"peanut butter and jelly"（花生酱和果冻）比"peanut butter and pineapples"（花生酱和菠萝）出现的概率更高。如果你有足够的英文文本，你会一次又一次地看到"peanut butter and jelly"这个短语，但可能永远不会看到"peanut butter and pineapples"这个短语。

今天与人类语言更像的模型、数据和规则集，在几个重要方面与这些早期尝试不同。第一，它们基本上是在整个互联网上训练的。第二，它们可以学习相距甚远的词语之间的关系，而不仅仅是相邻的词语。第三，它们通过大量的内部"旋钮"（knobs）进行调整，这些旋钮如此之多，以至于连设计它们的工程师都很难理解为什么它们会产生这个词序列而不是其他的词序列。

然而，这些模型的任务仍然与20世纪50年代相同：确定接下来哪个词可能会出现。今天，它们非常擅长这项任务，它们生成的几乎所有句子看起来都很流畅和符合语法。

花生酱和菠萝？

我们要求一个大型语言模型GPT-3来完成"Peanut butter and pineapples ____"（花生酱和菠萝____）这个句子。它说"Peanut butter and pineapples are a great combination. The sweet and savory flavors of peanut butter and pineapple complement each other perfectly"（花生酱和菠萝是一个很好的组合。花生酱和菠萝的甜味和咸味完美互补）。如果一个人这样说，人们可能会推断，他们已经尝过混合在一起的花生酱和菠萝，所以才会有自己的观点，并与读者分享。

但是，GPT-3是如何想出这段话的呢？它根据我们提供的语境，产生一个符合该语境的词，然后是下一个，再下一个。该模型从未见过、碰过或尝过菠萝，它只是处理了互联网上所有提到菠萝的文本。然而，阅读这段文字可以使人类的头脑甚至是谷歌工程师的头脑，将GPT-3想象成一个能够推理花生酱和菠萝味道的智能生物。

人类的大脑内在具有推断文字背后意图的习惯。每次你参与谈话时，你的大脑都会自动构建一个谈话对象的心理模型。然后，你用他们说的话来填补这个模型中的目标、感受和信念。

从话语到心理模型的跳跃过程是无缝衔接的，每当你收到一个完整的句子时都会被触发。这个认知过程在日常生活中为你节省了大量的时间和精力，让你更高效地参与社会互动。

然而，在人工智能系统中，它却失灵了，它凭空建构了一个心理模型。

这种失灵的后果很严重，试想一下下面的提示："Peanut butter and feathers taste great together because ＿＿"（花生酱和羽毛在一起味道很好，因为＿＿）。GPT-3继续说："Peanut butter and feathers taste great together because they both have a nutty flavor. Peanut butter is also smooth and creamy，which helps to offset the feather's texture."（花生酱和羽毛在一起味道很好，因为它们都有一种坚果的味道。花生酱还是光滑细腻的，这有助于抵消羽毛的纹理）。

这些文字和前面菠萝的例子一样流畅，但所说的内容明显不太合理。人们开始怀疑，GPT-3根本不理解花生酱和羽毛是什么。

赋予机器智能，否认人类智能

一个可悲的讽刺是，认为GPT-3具有人性的认知偏见也会导致人们以不人道的方式对待真正的人类。社会文化语言学（在社会和文化背景下对语言的研究）表明，将流畅的表达等同于流畅的思维，会导致对说话风格不同的人产生偏见。

例如，有外国口音的人往往被认为不太聪明，不太可能得到他们足以胜任的工作。对那些说着不知名方言（美国的南方英语）的人、使用手语的聋人以及有口吃等语言障碍的人来说，也存在类似的偏见。

这些偏见是非常有害的，往往会导致种族主义和性别歧视，并且一再被证明是毫无根据的。

光有流利的语言并不意味着有人性

人工智能是否会成为有知觉的人？这个问题需要深入思考，事实上，哲学家们已经思考了几十年。然而，研究人员已经确定的是，当一个语言模型告诉你它的感觉时，你不能轻易地相信它。词语可能会产生误导，很容易让人们误以为，流畅的语言就代表着流畅的思维。

（张婷婷　译）

更多资料

◆《语言与思维的区别》（*The Difference Between Speaking and Thinking*）由马蒂奥·王（Matteo Wong）撰写，刊登在《大西洋》杂志上。文章介绍了大型语言模型的原理和局限，分析了语言和思维之间的区别，以及语言模型与人类智能的差距。

◆《要理解语言模型，我们必须将"语言"与"思维"分开》（*To understand language models, we must separate "language" from "thought"*）由本·迪克森（Ben Dickson）撰写，刊登在 TechTalks 博客上。文章探讨了语言和思维之间的区别，以及语言模型与人类智能的差距，其中引用了凯尔·马霍瓦尔德等研究人员的观点和研究。

◆《ChatGPT 已经让用户相信它像一个人一样思考，但与人类不同，它没有真实世界的感觉》(*ChatGPT has convinced users that it thinks like a person. Unlike humans, it has no sense of the real world*) 由韦恩·麦克菲尔 (Wayne MacPhail) 撰写，刊登在《环球邮报》上。文章质疑了 ChatGPT 等大型语言模型的智能和创造力，指出它们只是通过搜索海量的语言数据来生成看似合理的回答，而没有真正的思考和对现实世界的认识。文章通过一个 18 世纪的机械土耳其人 (Mechanical Turk) 的故事来说明大型语言模型的本质和局限，以及为什么我们不应该被它们迷惑。

李佳

ChatGPT 引发语言学多维研究 [①]

李佳，现就职于苏州大学外国语学院，世界汉学中心（青岛）特聘研究员。主要研究方向为国际出版、跨文化传播、俄汉语言文化对比。

随着人工智能技术的创新突破，自然语言处理技术也发生了翻天覆地的变化。以 ChatGPT 为代表的人工智能语言产品的出现，正在刷新人类对人工智能技术的认知，归根结底是语言的基础性处理技术的发展。面对人工智能技术的迭代发展，我们不仅应对人类自然语言与人工智能语言的未来发展给予充分关注，更应深入思考当下语言学理论的发展如何服务科技、拥抱未来。

语言形态的未来指向人类自然语言与人工智能语言共存共生。就运行机制而言，ChatGPT 是集人工智能语言生成与语言智能处理技术于一体的人工智能语言模型。基于自然语言处理（NLP）、生成式预训练（GPT）等技术，ChatGPT 既实现了对自然语言信息的有效识别、深度学习与充分模仿，进而生成人工智能语言，同时又通过对自然语言的学习、推理、判断、应

---

① 原文发表于《中国社会科学报》（2023 年 5 月 16 日第 8 版）。

答，完成了真正意义上的人机交互对话、机器翻译、信息总结提取等语言活动，实现了由人类自然语言到人工智能语言的蜕变。ChatGPT 所生成的智能语言，本质上是一种"具有符号处理和逻辑推理能力的计算机程序设计语言"，是对自然语言构建的数据进行大量的预训练而生成的。绝大多数情况下，智能语言中的语句合乎语法规范、语义指向清晰、语言逻辑通顺。所以，就这一层面而言，人类的自然语言成了人工智能语言的知识来源与数据支撑，是 ChatGPT 预训练的重要给养。而对于自然语言而言，人工智能语言也成为自然语言的变体与语言知识的延伸。总体上，人类自然语言与人工智能语言互为补充，二者的深度融合与合作必将成为人工智能技术领域发展的新突破，同时将成为语言界与科技界研究的新课题。

语言理论的研究正由人类独立探索转向人机合作共建。在人工智能出现之前，语言的奥秘一直是由人类独立探索的。无论是关于语言结构方面的研究，还是关于语言变化规律或使用规律的研究，都相应地形成了若干理论体系，如结构语言学、语法学、语用学等。人工智能技术的产生，尤其是 ChatGPT 的出现，让我们看到人工智能"大算力"生成智能语言的威力。人工智能在浩如烟海的语料中智能化、自主、自动学习与处理语言的能力是人类无法匹敌的，对语言深度学习与模仿的潜力巨大。这也让我们意识到，与人工智能相比，人类对语言的研究能力还存在着局限性。毕竟任何语言学家的记忆能力、处理能力都是有限的，在语言研究中出现了诸如"例不十，不立法""例外不十，法不破"等研究惯例或者探索精神，这是人类研究语言"没有办法的办法"。但 ChatGPT 的成功在一定程度上反映出，人工智能已经比人类发现了更多的语言规律与语言奥秘，这些语言规律与奥秘恰恰是语言学理论未来进一步发展的重要突破口。这清晰地说明，语言学理论的突破不再是由语言学家或者科学家独立完成，也能够依赖人机相互协作来完成建构。实现人类的智慧与计算机的计算能力充分结合，将会成为语言学理论研究的一大趋势。

智能语言的应用必须从"万物互联"走向"万物交互"。随着科技的发展，人类社会从互联网时代逐步进入物联网时代以及万物互联时代，互联网解决了人与人之间的信息交流和沟通问题，而物联网或万物互联则主要解决人与人、人与物、物与物之间的信息与数据交流问题。然而，考察目前技术发展与应用现状，我们并未彻底解决人与物之间信息与数据交流的有效性问题，即"人—物""人—物—人"等交互存在有效性互动的问题。多数情况下，设备无法充分理解与处理人类自然语言，因而无法有效作出决策或完成指令。万物互联实际上只是解决了人与物或物与物之间的联系问题，并未解决"万物交互"问题。但ChatGPT等智能语言技术的出现正在打破这一现状，使"万物互联"走向"万物交互"成为可能，并且这种交互的有效化正在朝着交互的人性化、情感化与艺术化的方向演进。可以预见，以实现"万物交互"为技术突破，有助于重塑生产组织方式，进一步推动新的产业革命到来。

当前，ChatGPT等人工智能语言的出现，一方面将改变语言的学习方式与语言的研究方式，另一方面将人类从"万物互联"的世界带入"万物交互"的世界。当然，人工智能在为人类世界带来改变的同时，也会对信息传播的伦理、版权、安全等问题带来巨大的治理挑战。我们应当辩证思考、理性对待这一变化，作为基础性的语言学理论研究更应有效地应对这些挑战。

李昱

大型语言模型时代如何研究语言

李昱，语言学博士，武汉大学文学院讲师。研究兴趣包括汉藏语形态句法、语言类型学、语料库与记录语言学等，近年来在*Lingua*、*International Journal of Bilingualism*、《当代语言学》等杂志发表论文多篇。2023年2月15日组织了"ChatGPT来了：人工智能如何改写人文社会科学的教学与研究"圆桌论坛，详参《写作》2023年第2期。

5月的某个早上，我正在修改我最新的论文。面前是一份我收集编码了一个月的跨语言词汇数据表格，我努力地分析着结果——一张基于相似性矩阵计算出来的语义网络，想知道在过去的几分钟内算法到底对那份表格做了什么。

审稿人希望我在14天内给出答案，因此死咬住这个问题不放。我竭尽全力想要在几个小时内有个结果，但心里十分清楚：人类将在漫长的余生中开始跟机器对话，这只是个开端而已。

同样的场景在很多从事跨语言本体研究的学者书桌前反复上演，基于一般统计学的语言类型学研究在飞速增长的语言数据面前显得力不从心。因此当语料库技术、机器学习模型、自然语言处理发展成熟到一定程度的时候，跟语言学尤其是跨语言研究的对接便成了很自然的事。在面对海量的语言数据时，部分本体语言学家渴望转型，而更为人所知的是普通语言学在大型语言模型研究中的中途退场。

这些早就不是什么新闻，直到 ChatGPT 的到来，对普通语言学角色、价值和意义的讨论又重新被提上日程。

为什么是 ChatGPT

ChatGPT 首先是个聊天机器人（ChatBot），而人类与聊天机器人的互动在半个世纪前就开始了。初代聊天机器人 ELIZA 在今天看来不过是唬人的把戏，却是基于规则的方法最早在 ChatBot 上大显身手。通过重复提问者的句子模式并替换关键位置上的词语，ELIZA 成功地扮演了一位心理咨询师。类似的方法被广泛使用于基于规则的计算语言学理论和多种语言应用。20世纪 70 年代后，出现了一系列具有扎实理论基础的、可理解的、模式化的，且可重复使用的句法–语义理论（Jurafsky & Martin，2023）。[1] 理论语言学家在转换生成语法框架下不断更迭着形式语法理论，试图让计算机学会语言规则从而掌握人类语言。语料库语言学更是机器学习模型轮番上阵的主战场之一。

基于规则的自然语言处理"以语言学理论为基础，主张建立基于规则和知识库的逻辑推理系统，将自然语言理解为符号结构，结构的意义可以

---

[1] 这些形式语言理论包括广义短语结构语法（generalized phrase structure grammar）、中心驱动短语结构语法（head-driven phrase structure grammar）、词汇功能语法（lexical-functional grammar）、树邻接语法（tree-adjoining grammar）、组合范畴语法（combinatory categorial grammar），等等。

从结构符号的意义推导出来。人们需要从自然语言中总结出一系列的语言规则，并用形式化的手段对这些规则加以描述"（Jurafsky & Martin，2023）。除了乔姆斯基（Noam Chomsky）的生成语法，蒙塔古(Richard Montague)创立的蒙塔古语法（Montague grammar）、[①]道蒂（David Dowty）的题元角色（thematic roles）理论（Dowty，1991）、菲尔墨（Charles Fillmore）的框架语义学（frame semantics）（Baker et al.，1998；Fillmore & Baker，2009）都在基于规则的计算语言学研究和应用中扮演了重要角色。

20世纪80年代以后，受主流认知科学影响，联结主义（connectionist approaches）的计算语言学模型开始兴起，其中最重要的概念就是"神经网络"（neural network）。联结主义模型将"学习"定义为联结权重的调整，并将学习机制分为有监督（supervised）和无监督式（unsupervised）学习。

与基于规则的研究相比，基于统计的语言模型"以数理统计和信息论为基础，主张通过建立特定的数学模型来学习复杂的、广泛的语言结构，利用统计学、模式识别或机器学习等方法来训练模型参数，然后将参数值应用到模型中来处理语言问题。需要运用大规模的真实语料，计算得出语言现象的统计规律"（Jurafsky & Martin，2023）。不管乔姆斯基是否愿意承认，基于统计的马尔可夫模型都在自然语言处理中获得了大大超越语法规则的效果。

尽管基于统计的语言模型已经获得了巨大的成功，但真正让ChatGPT大放异彩的还是其背后的生成式预训练模型GPT（generative pretrained transformer）。GPT是基于转换器（transformer）架构的深度学习模型，通过

---

① 蒙塔古创立的基于数理逻辑的语义学理论，认为语义是可还原的。

对大量文本数据的学习来生成回答。它采用的转换器架构比经典深度学习模型（例如循环神经网络RNN和长短时记忆网络LSTM）更加先进；它的生成性使得一个初始文本就能不断产生新文本。GPT的训练思路是将监督学习和强化学习相结合——用监督学习去训练生成规则，然后用强化学习告诉机器哪个答案是我们最想要的。此外，从GPT-1到GPT-3，训练用的参数量翻了上百倍，输入的数据维度增加了16倍。大量文本数据的训练，能使机器产生几乎接近人类语言的文本。

自然语言处理或者计算语言学的最终目的是让计算机掌握并理解人类语言。从这个维度上看，ChatGPT已经无限接近一个真正意义上的"人工智能"了。

对于语言学来说，语言学家更关心那些无比接近自然语言的"人工智能"语言所代表的语言哲学及其背后的基础设施。令人沮丧的是，ChatGPT代表的大型语言模型仍然是基于统计的研究范式，看不出语法规则在其中贡献了什么。

两种类型的语言数据：宏观数据和微观数据

在大数据和深度学习成熟的今天，语言学家正在面临两种类型的语言数据：以向量为观察对象的宏观语言数据和以具体语言形式为观察对象的微观语言数据。传统的研究以后者为主要研究对象，而今天，宏观语言数据正在以各种呈现方式不断涌现。

仅仅把目光局限在语言类型学的研究，近10年来基于宏观语言数据的跨语言共时和历时研究已经将所能覆盖的语言样本数量从20世纪60年代格林伯格（Greenberg）的几十种语言扩大到上千种，几乎能够涵盖所有具有记录的人类语言。

共时研究领域，机器学习在语料库中的应用彻底拓展了跨语言比较的局面。一方面，语料库中语言形式的出现频率纳入了给语言分类的标准（Levshina，2019）；另一方面，包括贝叶斯统计（Bayesian statistics）、多元变量分析（multivariate analysis）和预测模型在内的算法系统使得语言共性能够被大规模的经验事实所验证。近年来，以条件推断树（conditional inference tree）和随机森林（random forest）为代表的预测模型已经被广泛用于跨语言的共时描写（Levshina，2021）。

历时研究方面，基于贝叶斯统计的概率模型在构拟印欧语的语法演化（Carling & Cathcart，2021），解释蕴含共性的来源（Cathcart et al.，2021）等方面均有建树。在这些研究中，语言变量的演变被假定为连续时间的马尔科夫过程（continuous-time Markov process）。

由此可见，语言学家对语言数据的处理已经分化出了两条路径：一条是计算机算法处理宏观语言数据，然而另一条道路，即对具体乃至陌生的语言现象的分析、描写和归类，只能依赖人类的逻辑能力和语言知识。

对语言事实的甄别与辨认——一种近似审美的活动——是任何熟练掌握了母语的说话人的基本认知能力，对机器来说却遥不可及。人工智能，即便是ChatGPT也无法通过比较最小对立对（minimal pair）来确认对立的范畴，也无法判断任意某个语言中的句子是否合语法。这些能力来自母语者与语言环境中存在的客观物质实体的直接联结。语言学当然需要更多的科学手段来挖掘现象并说明现象之间的关系，但目前的人工智能显然在这些能力上十分受限。

人工智能依赖语言形式出现的环境来分析现象本身。例如分布语义理论（distributional semantics theory）完全摈弃了指称对象，将词义视为一种分布性特征。具有相似上下文语境的词具有相似的语义。但是关于这种词义生成的模式是否符合人类学习语义的过程，还充满争议。至少到目前为止，再强大的人工智能也无法帮助我们感知和体认微观层面的个体现象，我们也无法从中获得任何语言经验，因为它们本身无法建立起语言符号与外部世界的关联。

大型语言模型时代科研活动中的代偿效应

ChatGPT横空出世时带来的最大兴奋点之一就是：人工智能终于成为一个有用的效率工具，而且交互界面竟然如此简单。给它任何指令，它都能精准地搜索信息，帮我们做PPT、写代码和讲话稿，还耐着性子翻译长篇大论。这些简单却烦琐的工作交给人工智能后，我们确实大大提高了工作效率。

然而随着使用的深入，人们逐渐发现，也正是由于交互界面如此简单，指令上的细微变化都能导致回答的巨大差异。于是，为了帮助人们更好地与AI对话，甚至还开发出了教人类如何通过指令跟ChatGPT更有效对话的教程。指令工程学（prompt engineering）也随着指令在数据训练中的重要性应运而生，成为了人工智能的新领域。指令工程学将任务转化为基于指令的数据集，并且通过指令学习来训练语言模型。大型语言模型即便有出色的语言表现，其本身仍是一个复杂的系统，我们对它的运作机制还知之甚少。指令工程学便成为沟通人和语言模型的桥梁，能帮助我们更好地理解大型语言模型的能力和局限，提升其性能。GPT技术的出现和大型语言模型的发展一方面降低了使用人工智能技术的成本，另一方面又催生了新的学习和研究领域。计算机智能越复杂、高级，人类要全面认识它的运作模式难度就越高，与之沟通的复杂程度也随之提高。输入指令固然简单，但是要获得最佳答案，我们不得不花费更多精力去学习如何提供指令。

回到文章开头的场景，在大型语言模型时代进行的科研活动，是否因为人工智能的参与提高了科研的效率？答案是否定的。

正如ChatGPT的出现使得ChatGPT的语言成为新的研究对象，当我们试图去理解人工智能的时候，又产生了新的问题。人工智能并未让科研工作变得更简单、更有效率，恰恰相反，我们只不过将原来投入在分析微观数据上的时间用来描写统计结果而已。

作为工具，人工智能很难说提高了科研生产力，它最大的贡献是突破研究手段的局限，拓展认知的边界，而并非节省在研究中投入的精力。对语言学研究来说，机器和算法的介入使语言学家的任务从直接描写和解释现象变成描写数字、解读图表，并试图解释隐藏在数字背后的语言现象和普遍规律。从表面上看，同时处理100种语言的数据确实比使用这些方法之前容易了很多，但是随之而来的是更高的复杂性和更多的例外。

大型语言模型时代语言学的贡献

尽管基于规则的自然语言处理已经是上个世纪的事了，但时至今日人们在谈论ChatGPT的时候，仍免不了提及乔姆斯基和他的理论。

乔姆斯基把语言知识的本质问题视为存在于人类成员心智／大脑（mind/brain）中的语言认知系统，这样的认知系统表现为某种数量有限的原则和规则体系。乔姆斯基的规则体系与GPT的大型语言模型的根本分歧在于：GPT采用的是经验主义的方法和外在主义（externalist）的语言观，而生成语法则坚持内在主义（internalist）的语言观（冯志伟，张灯柯，2023）。前者显然在自然语言处理任务中大获全胜，直至 GPT 的诞生。

今天的大型语言模型中几乎已经见不到语法规则的踪影，但是大型语言模型在剔除了纯粹的语言学理论之后，反而帮助我们认清了语言学在人类知识体系中的核心价值：揭示规则。

基于深度神经网络的大型语言模型也常常被应用于大规模蛋白质序列数据的研究。但是目前蛋白质语言模型面临的最大问题是难以解释序列-功能映射，因此阻碍了基于规则的生物治疗药物开发。一项最新的蛋白质语言模型研究（Vu et al.，2023）则尝试采用基于规则的语言模型来解决蛋白质大型语言模型中的"黑箱"问题。这项最新的蛋白质语言模型研究借用了语言学中的"最小对比对""句法推断"和基于规则的正则表达式以寻求可解释性的方法。

上述例子表明，纯粹的语言学规则虽然并不能帮我们完美解释复杂的语言现象，但它作为人类知识的某些普遍原则启发了其他领域的研究。语法规则在大型语言模型时代或许无法解决语言的问题，我们也有必要跳出语言学的范畴来思考从语言中抽象出的规则在更高层面的解释力。

参考文献

◆ 冯志伟，张灯柯.GPT 与语言研究 [J].外语电化教学，2023（2）：3–11.

◆ Carling, G & Cathcart, C. Reconstructing the evolution of Indo-European grammar[J]. Language, 2021, 97(3): 561–598.

◆ Cathcart, C., Hölzl, A., Jäger, G., Widmer, P., & Bickel, B. Numeral classifiers and number marking in Indo-Iranian[J]. Language Dynamics and Change,

2020,11(2): 273–325.

- Collin F. Baker, Charles J. Fillmore, and John B. Lowe. The Berkeley Framenet project[C]//36th Annual Meeting of the Association for Computational Linguistics and 17th International Conference on Computational Linguistics, Volume 1. Montreal, Quebec, Canada: Association for Computational Linguist,1998: 86–90.

- Dowty, D. Thematic proto-roles and argument selection[J]. Language, 1991, 67(3): 547–619.

- Fillmore, C. J. and C. F. Baker. A frames approach to semantic analysis[M]// B. Heine and H. Narrog (Eds). The Oxford Handbook of Linguistic Analysis. Oxford University Press, 2009: 313–340.

- Jurafsky, D and Martin, J.H. Speech and Language Processing: An Introduction to Natural Language Processing, Computational Linguistics, and Speech Recognition (3rd edition)[M/OL]. Book draft. https://web. stanford.edu/~jurafsky/slp3/, 2023.

- Levshina, N. Token-based typology and word order entropy: A study based on Universal Dependencies[J]. Linguistic Typology, 2019, 23(3): 533–572.

- Levshina, N. Conditional inference trees and random forests[M]//Magali Paquot & Stefan Th. Gries (eds.). Practical Handbook of Corpus Linguistics. New York: Springer, 2021: 611–642.

- Vu, M.H., Akbar, R., Robert, P.A., Swiatczak, B., Sandve, G.K., Greiff, V., Haug, D.T.T. Linguistically inspired roadmap for building biologically reliable protein language models[J]. Natural Machine Intelligence, 2023, 5: 485–496.

陆俭明
对 ChatGPT 要坦然面对

陆俭明，中国著名语言学家，北京大学中文系教授，兼任国家语委咨询委员会委员、国家语委语言文字标准审订委员会委员。致力于现代汉语的本体研究和应用研究及相关理论研究，被誉为"现代汉语语法研究八大家"之一。

当前，ChatGPT 已成为世界性热门话题，已引起各国学界、科技界、政界高度关注。我作为一名语言学者，对 ChatGPT 诞生持欢呼的态度，欢呼这一新事物的诞生，因为人工智能语言模型 ChatGPT 真正实现了"人工智能内容生成"，这是很了不起的科技大成就。

我觉得，就整个人类社会来说，生产力的发展越来越迅速了。最早是采集渔猎时代，大约经历了二十多万年才进入农牧时代。农牧时代，也经历了大约数千年，于 18 世纪从农牧时代进入了工业时代，但经历的时间已大大缩短了。19 世纪就发明了电报、电话，这可以说是信息时代的雏形。20 世纪 90 年代信息高速公路通向世界各地，很快就进入了信息时代。而 21 世纪就全面进入了数字化、智能化、量子思维时代，现在发达国家和一些发展中国家都努力以数字化、智能化领航，成为经济、科技、文化等迅速发展的有力驱动。人工智能语言模型 ChatGPT 的出现，就是个鲜明的标志，标志着人类自第一次工业革命以来爆发了新一轮影响最大的科学技术革命。

人工智能语言模型 ChatGPT 的出现，特别是迅速从 GPT-2 到 GPT-3 到 GPT-3.5 再到 GPT-4，给人们造成了不小的冲击，而且可以设想，随着人工智能的迭代升级和人工智能技术的革命性变化，人工智能语言模型可能会对人类工作构成巨大的挑战。对此，语言研究和语言教育界必须面对。我们不必也不能回避。我们要坦然面对。重要的是我们要有清醒的头脑——我们一方面要与时俱进，认真地了解它，利用它，它毕竟能帮我们做好多事，要把它作为语言研究与语言教学的利器，为我所用；另一方面，我们绝不要依靠它，并要防止它对我们的误导，要防止上当，因为它也老出错，原因是人工智能毕竟只是依靠天文数字的大数据以及先进的算法、算力，依托人工神经网络（artificial neural network），进行深度学习，即深度概率匹配（石锋，2023），而它本身不能感知，不具备思维能力，没有意识和情感。这正如冯志伟等人所指出的（冯志伟，张灯柯，饶高琦，2023）：

> ChatGPT 使用生成式预训练模型从大规模语言数据中获取的大量参数，基本上都是基于自然语言的数据的参数，还没有这些语言数据与语言外部的客观世界的千丝万缕联系的参数。因此，ChatGPT 只是处理自然语言本身的数据，并不能处理丰富多彩的语言外信息。

现在国际上提出了一个新问题：人工智能是否会对人类构成威胁？世界著名物理学家斯蒂芬·霍金在生前曾频繁发出对人工智能的警告："人工智能可能毁灭人类。"据《纽约时报》（网络版）2023 年 5 月 1 日报道，被誉为

"人工智能之父"的杰弗里·辛顿（Geoffrey Hinton）最近发出警告说，"人工智能会对人类构成威胁"，并说"有朝一日杀人机器人会变成现实"（转引自《参考消息》2023年5月3日第7版）。对此我们该怎么看？我们认为，当今时代的一个特点就是科技创新日新月异，而科技创新的成果往往会成为双刃剑——可以用来为人类谋福利，也可能会被坏人为获取私利而用来残害人类。譬如核裂变能和放射性理论是20世纪30年代研究的重大成果，这可利用来造福人类——建设核反应堆获取新能源，又可用于医疗；但同时，它可用来制造核武器，对人类形成核威胁。但是，我们不必杞人忧天，更不能因噎废食，相信人类的智慧会使用负责任的技术设计来实现全世界的可持续发展，将负面影响和负能量降到最低点，最终阻止有害人类的悲剧发生。

对我们来说，更为重要的是要看到科技发展呈现的两方面特点：一个特点，学术分科越来越细；另一个特点，不同性质的学科之间越来越互动、融合、交叉，各学科共同合作办大事，服务于人类的应用需要，不断将学术与产业向前推进。上述两大特点也正是科技发展的大趋势，尤其是"学科的融合交叉"，这是所有学科发展的必由之路。人工智能语言模型ChatGPT本身就是多学科融合、彼此通力合作的产物。

如今，数字化已是科技发展的大趋势。所谓数字化，简单地说就是"将信息内容用数字形式表示"。说得具体复杂一些，数字化就是将任何复杂多变的信息，包括物体形象、影像、语言、文字、声音、色彩、热量、速度或气味等我们所能感觉到的、意识到的信息/信号，转化为一串分离的单元，运用模数转换器转换成以0和1表示的一系列可量度的二进制数值（包括数字、数据），然后将其引入计算机内部，即存储在计算机和网络中，并通过网络进行数据传输，再基于数据建立起适当的信息处理模型，进行统一计算处理。这可以说是信息数字化及其应用的基本过程。在这个过程中将运用到多种高科技技术，譬如计算机软件技术、微电子技术、光纤技术、光电技术、超大规模数据库技术、网络技术、分布式处理技术，等等。如今，数字化是智能技术的基础、软件技术的基础、多媒体技术的基础、信息社会各种自动化技术的基础，各行各业都在实施数字化；特别是关系到技术创新、应用开发和商业模式的创新；同时已提出并正实施经济数字化，数字经济占 GDP 比重越来越高（张琳，2019）。所以，现在整个世界，特别是发达国家和一些发展中国家，都将其作为一项重要的"国策"在向数字化方向转型。我们国家也比较早地注意到了数字化问题，特别是在2017年12月8日中共中央政治局专门就实施国家大数据战略进行集体学习，习近平在会议最后的讲话中强调，大数据是信息化发展的新阶段，我们要推动大数据技术产业创新发展，要构建以数据为关键要素的数字经济，要运用大数据提升国家治理现代化水平，要运用大数据促进保障和改善民生。总之，"要实施国家大数据战略加快建设数字中国"。显然，语言学科领域也必须顺应这一"数字化"发展大趋势。

说到语言学科领域，从实施数字化手段方面看，跑在前头的大多是语言应用研究方面，譬如自然语言理解（natural language understanding）、自然语言生成（natural language generation）、机器翻译以及语言教学等方面的研究。而语言本体研究本身，大多还只是运用和借助语料库、语言资源库来开展语言研究，或借助计算机运用计量统计。或许正是这一原因，目前的语言研究成果可以说对人工智能研究的贡献甚微。在人工智能事业发展中，语言研究有被边缘化的趋势。

可是语言研究者也还是在积极地研究。我们知道，就机器翻译而言，大致经历了三个阶段：从基于规则的自然语言处理，到基于统计的自然语言处理，再到基于计算机深度学习的自然语言深度处理。在第一、第二阶段，语法、语义的研究成果都起了一定的作用（詹卫东，2013）。

那么，难道语言研究成果真的不能对人工智能研究和人工智能产业提供任何有效的支持吗？我想回答是否定的。人工智能是靠数据、算力、算法三驾马车驱动；目前数据只是"算料"，如果"语言知识"能加入其中，肯定会大大推进人工智能事业的发展。正如西安交通大学人工智能专家徐宗本院士曾指出的，人工智能最终都要走向各种各样的应用；人工智能的应用模式必须"强调与领域知识的结合"（徐宗本，2019）。徐宗本院士的话实际也告诉我们，人工智能也会走向语言应用，而且必然要求与语言学结合。

参考文献

◆ 冯志伟，张灯柯，饶高琦.从图灵测试到 ChatGPT —— 人机对话的里程碑及启示[J].语言战略研究，2023（2）.

◆ 石锋.语言之谜 —— 涉及人工智能的挑战 [J].实验语言学，2023（2）.

◆ 徐宗本.与数学融通共进 [N].中国科学报，2019-11-04.

◆ 詹卫东.大数据时代的汉语语言学研究 [J].山西大学学报（哲学社会科学版），2013（5）.

◆ 张琳.G20 国家数字经济实力对比与发展特征 [J].财经，2019（15）.

罗仁地
人工智能需要考虑溯因推理[①]

罗仁地（*Randy J. Lapolla*），北京师范大学人文和社会科学高等研究院语言科学研究中心教授，澳大利亚人文学院院士。长期从事中国少数民族语言调查与研究，在汉藏语研究领域成果丰硕，主要研究方向为濒危语言调查研究、汉藏语形态句法类型及其历史演变、类型学研究等。

最近，关于ChatGPT、GPT-4以及类似的人工智能产品引发了很大的讨论。在ChatGPT出现的头两个月里，超过1亿人使用了该产品。这些算法能够搜索大量的数据（也就是所谓的大型语言模型），并根据可能组合搭配的统计概率（也就是归纳法），生成看似由人类产生的文本。这并不奇怪，因为这些算法所使用的数据本身就是人类创造的文本。但这种结果引发了一些人对这种算法可能带来的危险的担忧，好像这个算法正在自我思考一样。然而，这些算法并不真正理解它们所生成的内容。它们只是像镜子一样反映了它们所收集的数据以及与其互动的人所提供的数据，从而反映出人类的个性和欲望。它们的工作基于归纳法，通过访问大量数据来总结模式。

---

① 本文首次发表于香港城市大学2023年6月6—8日举办的"大数据时代的语言学、语言应用和翻译研究国际学术研讨会"，文字稿发表于《长江学术》2023年第4期。

然而，它们无法超越这个范围，只能局限于执行特定的任务，比如文本翻译或预测某人的购买偏好。

狭义人工智能 vs 通用人工智能

在人工智能研究的历史中，20世纪50年代到90年代的主导模型是符号人工智能，一种基于语法规则和演绎推理方法的模型。然而，该模型并没有取得良好的成果。进入世纪之交，该领域的学者转向了归纳推理，也称为联结主义方法或机器学习方法，以杰弗里·辛顿（Geoffrey Hinton）为代表（辛顿已经在20世纪70年代提出联结主义方法，但当时没有多少人相信行得通）。这种方法产生的结果要好得多，因此归纳推理现在成为主导方法（Lewis-Kraus, 2016）。谷歌大脑实验室的负责人杰夫·迪恩（Jeff Dean）曾说："我们不需要语法。"

这种人工智能是一种弱人工智能，也就是指那些只能执行特定任务的非人类系统，无法超越这个范围。而人工智能的下一步是发展出强人工智能，即能够学习、解决问题、适应并改善自身系统的人工智能。这样的系统甚至可以执行超出其设计任务的工作，但前提是机器能够模仿人类的推理能力，并真正创造出有意义的内容。这也是许多科学家对未来的担忧，因为我们将无法控制这样的系统。

超过1 000名科学家签署了一封信，请求科技公司延迟通用人工智能的开发。杰弗里·辛顿最近辞去了谷歌的工作，原因是他反对该公司计划开发通用人工智能，他认为自己在那里工作时无法批评公司（《纽约时报》2023年5月1日）。他对自己一生的工作感到后悔。目前，人们已经意识到弱人工智能系统中存在一些固有的偏见问题，但在通用人工智能系统中，这些问题将更加严重，因为它们能够自主决策并超越编程范围进行操作。

如果没有任何伦理或道德监督，后果将是灾难性的。即使是坚定支持科技的埃隆·马斯克（Elon Musk）也警告说，高级人工智能可能对人类构成"生存危机"。目前的控制方法是不够的。

然而，我们还没有到达那个阶段。要让机器像人类一样真正创造有意义的内容，它需要模拟人的溯因推理能力，这是人类用来创造各种意义的方法（包括交流）。但是目前机器无法模仿这种能力。溯因推理的关键部分不仅是获取信息，还包括判断信息与所讨论问题的相关性。迄今为止，溯因推理在下一阶段的重要性甚至在专注于这项技术的学者中也没有得到广泛认识，但有一些人正在努力解决这个问题。

什么是溯因推理

推理有两种主要类型：证明性推理（也被称为演绎推理）和非证明性推理。非证明性推理又有两个子类型：归纳推理和溯因推理。归纳推理是对一组数据（或现象）的概括，溯因推理则是提出某现象的所以然（即因果推理）。在证明性（分析性）推理中，前提的真实性保证了结论的真实性，所以它是一个恒真式，比如由"所有的人都会死（前提）"和"苏格拉底是人（前提）"会导出"苏格拉底会死（结论）"。但在非证明（综合性）推理中，前提的真实性仅仅使结论的真实性成为可能。正如查尔斯·皮尔斯（Charles Pierce）所言："归纳的本质是从一组事实推断出另一组相似的事实，而假设（即溯因推理——作者注）则是从一类事实推断出另一类事实。"（Peirce, 1878［1992］）

溯因推理本质上是对为什么某种现象会以其特定的方式存在的假设（猜测），无论那个现象是自然物体或事件还是人类行为。这是一种反向的因果推理，即从结果推导出原因。这在创造一般性的知识以及推断他人执行某种行为时的动机方面都有应用，包括在交际中的使用。根据皮尔斯的观点，溯因推理是为了解释事实，即创造假设："只有这三种推理方式，演绎或归纳都不能给我提供任何新想法。除非我能通过假设追根究底，否则我还不如放弃尝试去理解它们。"（Peirce，1900［1985］）保罗·格莱斯（H. Paul Grice）更是认为溯因推理是意识的核心："意识本质上是从结果到原因的推理。"（Grice & White，1989［1961］）溯因推理实际上是一种生存本能，为这个世界"创造意义"，即让我们对所住的环境里的现象有一种主观的了解，比如了解这些现象对我们有益还是有害。

溯因推理与交际

当我们进行溯因推理时，我们并不是利用整个环境，而是选择我们认为与理解我们试图解释的现象相关的某些事实和假设。这一环境被称为"理解的环境"。正是该环境使得现象对人来说"有意义"。该环境的创建当然完全是主观的，所以结果也是主观的。

溯因推理的一种用途是通过推断某些可观察现象的原因来预测未来的情况。心理学文献中有大量关于预期/预测的心理学证据，实际上，安迪·克拉克（Andy Clark）认为："大脑……本质上是预测机器。"（Clark 2013）当我们试图理解其他人正在做什么和可能做什么时，就可以用这种方法来推断他们在做他们所做的事情时的意图。①这也是生存所必需的，也是人跟人互动的基础。

尝试了解其他人在做什么的一种应用是，在他们有目的地试图让你推

---

① 基于转换器的生成式预训练模型可以预测某些事情，但只是基于概率统计，而不是我们使用溯因推理的方式。

断他们的意图时推断他们的意图。沟通就是：一个交际者进行一个交际行为（可能是语言行为，也可能只是手势或面部表情，或者三者都有），而对方推断出交际者的交际意图，即交际者为什么做他们所做的交际行为。对方被迫推断特定理解的程度，取决于交际行为在多大程度上制约对方选择获得在该语境中有意义的理解所必需的语境预设。

语言学一直有一种错误的观念，认为意义全在于形式，但事实并非如此。由于交际基于非证明性推理，因此交际本质上是不确定的；语言只是提供限制推理的线索。这不是一个编码解码的过程；它是推断交际者在进行交际行为时的意图。交际不是一件容易发生的事情，正如卡尔·波普尔（Karl Popper）所言："永远记住，不可能以不被误解的方式说话：总会有人误解你。"（Popper，1976）

即使是交际行为的识别也需要推理，因此不需要对方熟悉形式，只要对方能够推断交际者的意图即可。例如，图1的形式不是人们熟悉的英文字母形式，而是由不同爱尔兰图案组成的。虽然形式陌生，但不妨碍人们认出谷歌公司的目的是让人推理出Google这个名字。

图1

　　此外，我们对意义的创造（与所有事物有关，而不仅仅是语言）与我们所知道的、对我们来说最重要的或我们自己的观察角度有关，比如图2左边的图大部分人看到的是M，但换一个角度图2就会变成W。这完全是由角度决定的。①

图2

　　一般来说，交际者还对对方能够理解什么进行推理（猜测），然后使用最有可能促进对方推理过程的交际行为。但是文学、艺术和幽默是例外，其目标是让对方做更多的推理工作，这是因为我们从推理中获得了愉悦，就像我们从满足其他生存本能中获得愉悦一样。

　　交际可以使用或不使用语言进行。功能性磁共振成像研究表明，非语言交际和语言交际在大脑的相同区域进行处理，包括被称为"布罗卡区"和"韦尼克区"的区域（Xu et al., 2009）。非语言交际和语言交际之间的区别只是工具或方式的不同，从而导致精确度的差异，就像用手把面包撕成两片和用刀小心地切面包之间的区别一样。语言有助于制约推理过程，使听话者更容易推断（猜测）交际者的意图。我们对语言的认识只是知道词

---

① 其实这里的图根本不是数字，但如果我们能创造意义就会创造意义。这跟溯因推理法本能和习惯的性质有关。

语和结构在过去如何被用来实现某种目的。我们将这种知识作为理解环境的一部分，用于推断说话者使用某些词语的意图，但我们创造的意义将独属于那个特定的环境，并因此扩展了词语和结构的使用。这就是为什么语言一直在变。推理过程可以或多或少地受到制约，但绝不会完全受到制约（即不可能完全确定其意）。许多心理语言学文献的一个问题是假设涉及语言的意义创造是特殊的，但很少将其与不涉及语言的意义创造进行比较。我的假设是，如果我们进行这样的研究，我们将不会发现任何差异。

由于交际中的意义创造取决于推断交际者执行某些交际行为的意图，因此在单词或符号的意义上不存在与某些交际者的实际使用脱节的语义。也就是说，一切都是语用。当我们试图了解脱离具体环境的某词、句或事时，我们会创造一个理解环境，在该理解环境中，该词、句或事才可能"有意义"。也就是说，我们通过选择一个赋予它意义的特定框架（理解环境）来创造它的意义。

警惕人工智能可能存在的危险

我们需要关注当前这一代的弱人工智能，因为它可能被用来传播虚假信息，而且它提供答案的可靠性并不高（例如，当它为一名律师"虚构"案例时）。此外，它还反映了其所获取的数据中存在的偏见和态度。

要实现通用人工智能，需要能够模仿人类创造意义的方法，这取决于溯因推理的能力。这有可能在几年内实现，特别是因为谷歌、微软和埃隆·马斯克等正在竞相创造通用人工智能。[①]这将是非常危险的，因为我

---

① 杨立昆（Yann LeCun）认为大型语言模型的进一步发展并不会实现通用人工智能。

们目前还不知道如何控制它。要做这样的研究一定要以人为中心，不能像以前那样为了科技本身而发展科技，那样的研究导致了现在的很多大问题（罗仁地，2023）。

正因如此，目前已有超过27 000名技术专家签署了前文提到的信件，要求这些公司暂时停止开发这些算法，直到找到相应的控制方法为止。最近，OpenAI、Google、DeepMind、Anthropic 和其他人工智能实验室的领导人又签署了第二封信，警告未来的系统可能像大流行病和核武器一样具有致命性，因此，"减轻人工智能灭绝人类的风险应成为全球的首要任务"。

此外，澳大利亚首席科学家发布了一份关于生成式人工智能的《快速响应信息报告》（*Rapid Response Information Report*），对这些危险提出了警告，并讨论了应对方法。

与杰弗里·辛顿一样，我也处于纠结之中：一方面我想让人们了解创造意义的方式（因为我在这里提出的观点与许多领域都有关，不仅仅是计算机科学和语言学），另一方面我又担心一旦他们获得成功的秘诀（即溯因推理法），将带来危险和失控。

参考文献

◆ 罗仁地.以人为中心：交叉研究的必然走向 [J].语言战略研究，2023，8（3）：93–96.

◆ Clark A. Whatever next？ Predictive brains, situated agents, and the future of cognitive science[J]. Behavioral and brain sciences, 2013, 36(3)：181–204.

◆ Grice, H P, White A R. The causal theory of perception[J]. Proceedings of the Aristotelian Society, Supplementary Volumes, 1961, 35：121–168.

◆ Lewis-Kraus, G. The great AI awakening[J]. The New York Times Magazine, published online 14 December, 2016.

◆ Peirce, C S. Deduction, induction, and hypothesis[J]. Popular Science Monthly, 1878, 13 : 470–482.

◆ Peirce, C S. Historical perspectives in peirce's logic of science, 2 volumes[M]. Amsterdam : Mouton Publishers, 1900[1985].

◆ Popper, K. Unended Quest : An intellectual autobiography[M]. London & NY : Routledge, 1976.

◆ Xu J, Gannon P J, Emmorey K, et al. Symbolic gestures and spoken language are processed by a common neural system[J]. Proceedings of the National Academy of Sciences, 2009, 106(49) : 20664–20669.

（姚洲　译）

马克斯·卢韦斯

人工智能的心理学①

马克斯·卢韦斯（*Max Louwerse*），认知心理学家、人工智能研究者和语言学家，荷兰蒂尔堡大学认知心理学和人工智能教授，马斯特里赫特大学特聘教授。研究兴趣包括语言处理、多模态交互、机器学习、自然语言处理、数字人文等。著有《如何记住词语》（*Keeping Those Words in Mind*）。

二十多年前，心理学家强烈反对计算机的做法，认为仅凭任意的语言符号组合不可能产生意义。反对计算机有理解能力的最著名的论证是"中文房间"（Chinese room）这一思维实验②。

在这个实验中，一个会说英文但不会说中文的人坐在房间里，房间里有一盒中文字符卡片和一本英文写的规则手册——这本手册告诉房间里的人如何操作中文字符卡片。房间外面的人通过墙上的一个开口，向房间内递送写有中文问题的纸条，要求房间内的人用中文回答问题。房间里的人

---

① 原文标题：*The Psychology of Artificial Intelligence*，发表于"今日心理学网"（2023年3月27日）。

② 这一实验由美国哲学家约翰·塞尔（John Searle）提出。——译者注

虽然不会中文，但只要严格按照规则手册来操作，就可以用房间内的汉字卡片组合出一些词句，完美地回答从房间外递进来的中文问题。

不需要进行太多的讨论就可以得出结论，这个人并没有真正理解中文。他所做的只是将毫无意义的符号翻译成另一些毫无意义的符号，如果要理解语言，还需要更多的东西。但如果我们认为不会说中文的人不理解中文，我们也可以说，计算机将一个问题"0110110000111"转化为答案"1110100001100"也不理解语言。

因此，符号接地问题[①]——一个已经研究了许多世纪的问题——再次被提出。许多心理学实验表明，计算机不能理解语言，因为它没有将符号接地到感知世界（参本书《从具身观来看ChatGPT为何不懂语言》）。

用眼镜擦干脚

二十年前进行的一个实验要求参与者判断一个句子是否有意义并且能在头脑中想象出相应的画面。参与者看见一句话，比如"赤脚蹚过湖水之后，埃里克用他的衬衫擦干了脚"或"赤脚蹚过湖水之后，埃里克用他的眼镜擦干了脚"。参与者可以毫不费力地指出不能用眼镜擦干脚，但可以用衬衫擦干脚（尽管毛巾可能更好）。计算机无法做到这一点，原因在于计算机无法将语言符号接地到感知经验中，而这是人类擅长的。人类用感知来

---

① 符号接地问题是一个关于符号和意义的哲学和认知科学问题。它问的是，一个符号系统（比如人工智能或人类语言）如何使它的符号（比如单词或代码）具有意义，而不仅仅是空洞的形式。例如，当我们说"苹果"这个词时，我们不只是发出一些声音或写下一些字母，我们也联想到苹果的形状、颜色、味道等感知特征，以及苹果的概念、属性、功能等抽象特征。这些特征使得"苹果"这个符号有了意义。符号接地问题就是要解释这种符号和意义之间的联系是如何建立和维持的。——译者注

模拟信息（perceptually simulate information），而计算机则不行。因此，人类理解语言，计算机不理解。

我一直对这类推理感到好奇。毕竟，如果计算机将来能够理解"毛巾"句子和"眼镜"句子之间的差异，那么它理解语言的方式是否和人类一样呢？二十年前，计算机失败了，感知模拟的论点胜出。但是二十年后呢？我将上面的问题抛给了人工智能软件ChatGPT。

> 我：按合理性高低给这三个句子排序："赤脚蹚过湖水之后，埃里克用他的毛巾擦干了脚""赤脚蹚过湖水之后，埃里克用他的衬衫擦干了脚""赤脚蹚过湖水之后，埃里克用他的眼镜擦干了脚"。
>
> ChatGPT：从最合理到最不合理的顺序为：
>
> "赤脚蹚过湖水之后，埃里克用他的毛巾擦干了脚"这个句子最合理，因为毛巾通常用于游泳或涉水后擦干身体。
>
> "赤脚蹚过湖水之后，埃里克用他的衬衫擦干了脚"这个句子跟第一个句子比不太合理，因为衬衫通常不用于游泳或涉水后擦干身体。然而，在紧急情况下，衬衫可以用来擦干身体。
>
> "赤脚蹚过湖水之后，埃里克用他的眼镜擦干了脚"这个句子最不合理，因为眼镜不适合用来擦干任何东西，尤其是脚。

ChatGPT是否解决了符号接地问题，或者是否理解了语言？有人可能会认为，即使ChatGPT的性能令人印象深刻，它仍然是"中文房间"符号操作的例子，即单词被翻译成其他单词。它似乎已经用感知模拟了信息，但实际上并没有。因此，让我们来考考人工智能的视觉能力。

天空中的老鹰

另一项实验也认为计算机无法理解语言是源于计算机无法用感知来模拟信息。在该实验中，参与者先阅读一个句子，然后看到一张图片，并对图片与句子是否匹配做出回答。当参与者读到"He saw the eagle in the sky"（他看见了天空中的老鹰）时，他们对展翅飞翔的老鹰的图片比对翅膀收起的老鹰的图片反应更快。当他们读到"He saw the eagle in the nest"（他看见了巢中的老鹰）这句话时，则有相反的结果。在二十年前，这是一个计算机无法完成的任务。

Dall-E是一种可以基于输入生成图片的人工智能系统。与ChatGPT一样，它由一个令人印象深刻的人工神经网络组成，可以创建你能想象到的任何可视化效果。就像ChatGPT一样，它生成信息，而不是从存储库中选择信息。例如，让Dall-E"用梵高的风格创作一幅今日心理学博客作者穿着睡衣睡在冲浪板上的画作"，它会生成一幅全新的图片，好像模拟了人类的感知。

我们现在可以来看一下Dall-E能否通过画图来模拟出"老鹰"句子中与感知相关的信息。当呈现句子"He saw the eagle in the sky"时，Dall-E生成左边的图片（见图1）。当呈现句子"He saw the eagle in the nest"时，Dall-E生成右边的图片（见图1）。

曾经的争论是：语言理解需要感知模拟；计算机无法感知模拟；因此，计算机无法理解语言。但是现在计算机可以感知模拟，因此这个争论可能需要重新考虑。

我是在说像ChatGPT和Dall-E这样的人工智能具有人类特征吗？不

图1

完全是，尽管这取决于你如何看待这个问题。但或许问题不是机器是不是人类，或者人类是不是机器，而是什么使人工智能表现出人类特征，以及这些过程是否类似于人类运用的过程。

对于任何心理学家来说，这都是十分有趣的。因为即使我们得出结论认为人工智能不涉及心理学，至少人工智能给心理学家提出了一些有趣的问题。也就是说，即使我们得出结论认为人工智能并不真正智能，它至少也迫使我们思考人类的行为，以及人类和人工智能的不同之处。

参考文献

◆ Glenberg A M, Robertson D A. Symbol grounding and meaning: A comparison of high-dimensional and embodied theories of meaning[J]. Journal of memory and language, 2000, 43(3): 379–401.

◆ Louwerse M. Keeping those words in mind: How language creates meaning[M]. Rowman & Littlefield, 2021. 编者之一(杨旭)曾在认知语言学课上以此书的阅读作为平时作业，读书报告发布于"摩登语言学"公众号。

◆ Searle J R. Minds, brains, and programs[J]. Behavioral and Brain Sciences, 1980, 3(3): 417–424.

◆ Zwaan R A, Stanfield R A, Yaxley R H. Language comprehenders mentally represent the shapes of objects[J]. Psychological Science, 2002, 13(2): 168–171.

（曾燕怡 译）

梅兰妮·米切尔　大卫·科莱考尔
大型语言模型是否具有理解能力[①]

梅兰妮·米切尔（*Melanie Mitchell*），美国科学家，圣塔菲研究所教授。主要研究领域是类比推理、复杂系统、遗传算法和元胞自动机。目前的研究重点是人工智能系统中的概念抽象、类比推理和视觉识别。著有《复杂》《AI 3.0》等。

大卫·科莱考尔（*David Krakauer*），美国进化生物学家，圣塔菲研究所现任所长、复杂系统教授。研究兴趣是智能和愚蠢之演变，包括人类记忆与信息处理的基因、神经、语言、社会和文化机制的演变，以及探索它们的共同特性。

什么是"理解"？这个问题长期以来一直受到哲学家、认知科学家和教育家们的关注。关于"理解"的经典研究几乎都以人类和其他动物为参照。然而，随着大规模人工智能系统，特别是大型语言模型的崛起，人工智能领域出现了热烈的讨论：机器现在是否可以理解自然语言，从而理解语言所描述的物理和社会情境？

---

① 原文标题：*The debate over understanding in AI's large language models*，发表于美国《国家科学院院报》（*Proceedings of the National Academy of Sciences*）2023 年第 13 期。

这场讨论不仅仅局限在自然科学的范畴；机器理解人类世界的程度和方式决定了我们在多大程度上能够相信人工智能与人类交互任务中的行为能力是稳健和透明的，包括人工智能驾驶汽车、人工智能诊断疾病、人工智能照顾老人、人工智能教育儿童，等等。同时，当前的讨论展现了一个关于智能系统进行"理解"的关键问题：如何判别统计相关性和因果机制？

尽管人工智能系统在许多具体任务中表现出近乎智能的行为，但直到最近，人工智能研究界依然普遍认为机器无法像人类那样理解它们所处理的数据。例如，人脸识别软件不理解面部是身体的一部分、面部表情在社交互动中的作用、"面对"不愉快的情境意味着什么，或者人类解读面部的无数种其他方法。同样，语音转文字和机器翻译程序不理解它们所处理的语言，自动驾驶系统也不理解驾驶员和行人在规避事故时的微表情和肢体语言。因此，这些人工智能系统常常被认为是脆弱的，其缺乏"理解"的关键证据是，它们不可预测错误，泛化能力缺乏鲁棒性①。

大型语言模型真的理解语言吗

然而，过去几年情况发生了转变，一种新型的人工智能系统在研究界广受欢迎并产生了影响，改变了一些人对机器理解语言的前景和看法。这些系统被称为大型语言模型、大型预训练模型或基础模型，它们是具有数十亿到数万亿参数（权重）的深度神经网络，被"预训练"于数太字节（TB）的巨大自然语言语料库中，包括大量网络快照、在线图书和其他内容。在训练期间，这些网络的任务是预测输入句子中的隐藏部分，这种方

---

① 鲁棒性（robust）表示一个系统或者模型在面对不确定性或者干扰的情况下，仍然能够保持其预期的功能或者性能的能力。——译者注

法被称为"自监督学习"。最终的网络是其训练数据中的单词和短语之间相关性的复杂统计模型。

这些模型可以用来生成自然语言，进行特定语言任务的微调，或进一步训练以更好地匹配"用户意图"。例如，OpenAI 著名的 GPT-3、更近的 ChatGPT 和 Google 的 PaLM 这样的大型语言模型能够产生惊人的类人文本和对话；此外，尽管这些模型并没有以推理为目的开展训练，但一些研究认为它们具有类人的推理能力。大型语言模型如何完成这些壮举，对于普通人和科学家来说都是个谜。这些网络内部的运作方式大都不透明，即使是构建它们的研究人员，对于如此巨大规模的系统也只有些许的直观感受。神经科学家特伦斯·塞诺夫斯基（Terrence Sejnowski）这样描述大型语言模型的出现："奇点降临，似天外来客，忽纷至沓来，语四国方言。我们唯一清楚的是，大型语言模型不是人类……它们的某些行为看起来是智能的，但如果不是人类的智能，又是什么呢？"

尽管最先进的大型语言模型令人印象深刻，但它们仍然易受脆弱性（brittleness）和非人类错误的影响。然而，这样的网络缺陷在其参数数量和训练数据集规模扩大后显著改进，因而一些研究者认为大型语言模型（或者其多模态版本）将在足够大的网络和训练数据集下实现人类级别的智能和理解能力，且出现了一个人工智能新口号："规模就是一切。"

上述主张是人工智能学界在大型语言模型讨论中的一个流派。一部分人认为这些网络真正理解语言，并且能够以一种普遍的方式进行推理（虽然"尚未"达到人类水平）。例如，谷歌的 LaMDA 系统通过预先训练文本、再微调对话的方式构造了一个对答如流的系统，某人工智能研究者甚至认为这样的系统"对大量概念具备真实理解能力"，甚至"朝着有意识的方向迈进"。另一位机器语言专家将大型语言模型视为通向一般人类水平人工智能的试金石:"一些乐观的研究者认为,我们见证了注入知识的系统的诞生,它们已经具有部分通用智能。"另一些人士认为,大型语言模型很可能捕捉到了意义的重要方面,而且其工作方式近似于人类认知的一个重要的解释,即意义来源于概念角色。反对者被贴上"人工智能否认主义"的标签。

与此同时,也有人认为,尽管像GPT-3或LaMDA这样的大型预训练模型的输出很流畅,但它们仍然无法具备理解能力,因为它们没有关于世界的经验或思维模式;大型语言模型的文本预测训练只是学会了语言的形式,而不是意义。最近的一篇文章认为:"即使从现在开始一直训练到宇宙热寂,单凭语言训练的系统,永远也不会逼近人类智能,而且这些系统注定只能拥有肤浅的理解,永远无法逼近我们在思考上的全面性。"还有学者认为,把"智能""智能体"和"理解"等概念套用在大型语言模型上是不对的,因为大型语言模型更类似于图书馆或百科全书,是在打包人类的知识存储库,而不是智能体。例如,人类知道"挠痒痒"会让我们笑,是因为我们有身体。大型语言模型可以使用"挠痒痒"这个词,但它显然从未有过这种感觉。理解"挠痒痒"不是两个词之间的映射,而是词和感觉之间的映射。

那些持"大型语言模型无法真正理解"立场的人,或那些认为"大型语言模型没有真正理解能力"的人认为,虽然大型语言模型的流畅性令人惊讶,但这种惊讶恰恰说明了,我们对于这种大模型会产生出何种统计相关性是无知的。任何将理解或意识归因于大型语言模型的人都是"伊莉莎效应"(Eliza effect)的受害者。"伊丽莎效应"是以约瑟夫·维岑鲍姆(Joseph Weizenbaum)在20世纪60年代创造的聊天机器人命名的。更宽泛地说,伊丽莎效应是指人类倾向于认为机器有理解力和主体性,即使这些机器只是表现出很少的类似于人类的语言或行为。

2022 年的一项研究调查了自然语言处理领域的活跃学者，也佐证了这场讨论的观点分歧。其中一项是询问受访者是否同意以下关于大型语言模型是否在原则上理解语言的说法："一些仅在文本上训练的生成模型（即语言模型），在给定足够的数据和计算资源的情况下，可以在一些非琐碎的程度上理解自然语言。"480 个学者作出回应，大致是一半同意（51%），一半不同意（49%）。

支持者佐证当前大型语言模型具备理解能力的重要依据是模型能力表现：既包括对模型根据提示词生成文本的主观质量判断（尽管这种判断可能容易受到伊莉莎效应的影响），也包括用于评估语言理解和推理能力的基准数据集的客观评价。例如，评估大型语言模型的两个常用基准数据集是通用语言理解评估（GLUE）及其后继者 SuperGLUE，它们包括大规模的数据集和任务，如"文本蕴含"（给定两个句子，第二个句子的意思是否可以从第一个句子推断出来）、"情景含义"（在两个不同的句子中，给定的词语是否有相同的意义）和逻辑回答等。OpenAI 的 GPT-3（具有 1 750 亿个参数）在这些任务上表现出色，出人意料；而 Google 的 PaLM（具有 5 400 亿个参数）在这些任务上表现得更好，能够匹敌甚至超越人类在相同任务上的表现。

机器理解必须重现人类理解吗

这些结果对大型语言模型的理解有何启示？从"泛化语言理解""自然语言推理""阅读理解"和"常识推理"等术语的选择不难看出，上述基准数据集的测试暗含机器必须重现人类理解方式的前提假设。但这是"理解"

必须做的吗？并非一定如此。以"论证推理理解任务"基准评估为例，在每个任务示例中，都会给出一个自然语言的"论据"和两个陈述句；任务是确定哪个陈述句与论据一致，如下例所示：

论点：罪犯应该有投票权。一个在17岁时偷了一辆车的人不应该被终身剥夺成为完整公民的权利。

推断A：盗窃车辆是一项重罪。

推断B：盗窃车辆不是一项重罪。

BERT在这项基准任务中获得了近似人类的表现。或许我们能够由此得出结论，即BERT可以像人类一样理解自然语言。但一个研究小组发现，在推断语句中出现的某些线索词（例如"not"）能够辅助模型预测出正确答案。当研究人员变换数据集来避免这些线索词出现时，BERT的表现性能变得和随机猜测无异。这是一个明显的依靠捷径学习（shortcut learning）的例子——一个在机器学习中经常被提及的现象，即学习系统通过分析数据集中的伪相关性，而不是通过类人理解（humanlike understanding），来获得在特定基准任务上的良好表现。

通常情况下，这种相关性对于执行相同任务的人类来说表现得并不明显。虽然捷径学习现象在评估语言理解和其他人工智能模型的任务中已经被发现，但仍可能存在很多未被发现的"捷径"。像谷歌的LaMDA和PaLM这种拥有千亿参数规模、在近万亿的文本数据上进行训练的预训练语言模型，拥有强大的编码数据相关性的能力。因此，用于评估人类理解能力的基准任务或许对这类模型的评估来说并不适用。对于大型语言模型（以及大型语言模型可能的衍生模型）来说，通过复杂的统计相关性能够让模型绕开类人理解能力，获得近乎完美的模型表现。

虽然"类人理解"一词没有严格的定义，但它本质上并不是基于当下大型语言模型所学习的这类庞大的统计模型；相反，它基于概念——外部类别、情况和事件的内部心智模型，以及人类自身的内部状态和"自我"的内部心智模型。对于人类来说，理解语言（以及其他非语言信息）依赖于对语言（或其他信息）表达之外的概念的掌握，而非局限于理解语言符号的统计属性。事实上，在认知科学领域的过往研究历史中，一直强调对概念本质的理解以及理解力是如何从条理清晰、层次分明且包含潜在因果关系的概念中产生的。这种理解力模型帮助人类对过往知识和经验进行抽象化以做出稳健的预测、概括和类比；或是进行组合推理、反事实推理；或是积极干预现实世界以检验假设；又或是向他人阐述自己所理解的内容。

毫无疑问，尽管有些规模越来越大的大型语言模型零星地表现出近似人类的理解能力，但当前的人工智能系统并不具备上述能力，包括最前沿的大型语言模型。有人认为，理解所需的上述能力，是纯统计模型不可能具备的。尽管大模型展现出了非凡的形式语言能力（formal linguistic competence）——产生语法准确、类人语言的能力，但它仍然缺乏基于概念理解的类人功能语言能力（humanlike functional language abilities）——在现实世界中正确理解和使用语言的能力。有趣的是，物理学研究中也有类似的现象，即数学技法的成功运用和这种功能理解能力之间的矛盾。例如，一直以来关于量子力学的一个争议是，它提供了一种有效的计算方法，而没有提供概念性理解。

关于概念的本质理解，一直以来都是学界争论的主题之一。概念在多大程度上是领域特定的和先天的，而不是更通用的和习得的，或者概念在多大程度上是基于具身隐喻的，并通过动态的、基于情境的模拟在大脑中呈现，又或者概念在何种条件下是由语言、社会学习和文化支撑的，对于这些问题，研究人员观点存在分歧。

尽管存在以上争论，概念——就像前文所述的那样以因果心智模型的形式存在——一直以来被认为是人类认知能力的理解单元。毫无疑问，纵观人类理解能力的发展轨迹，不论是个人理解还是集体理解，都可以抽象为对世界进行高度压缩的、基于因果关系的模型，类似于从托勒密的行星公转理论到开普勒的椭圆轨道理论，再到牛顿根据引力对行星运动的简明和因果解释。与机器不同的是，人类似乎在科学研究以及日常生活中都有追求这种理解形式的强烈内驱力。我们可以将这种理解的形式概括为：需要很少的数据、极简的模型、明确的因果依赖性和强大的机械直觉。

关于大型语言模型理解能力的争论主要集中在以下几个方面：（1）这些模型系统的理解能力是否仅仅为一种类别错误？（即，将语言符号之间的联系混淆为符号与物理、社会或心智体验之间的联系。）简而言之，这些模型系统永远无法获得类人的理解能力吗？或者说，相反的，（2）这些模型系统（或者它们近期的衍生模型）真的会在缺乏现实世界经验的情况下，创造出对人类理解来说至关重要的大量的基于概念的心智模型吗？如果是的话，扩大模型规模是否会创造出更好的概念？或者说，（3）如果这些模型系统无法创造这样的概念，那么它们令人难以想象的庞大的统计相关性系统是否能产生与人类理解功能相当的能力呢？又或者说，这是否意味着人类无法达到的新形式的高阶逻辑能力成为可能？从这一角度来看，将这种相关性称为"伪相关性"或质疑"捷径学习"现象是否仍然合适？将模型系统的行为视为一系列新兴的、非人类的理解活动，而不是"没有理解能力"，是否行得通？这些问题已不再局限于抽象的哲学探讨，而是涉及人工智能系统在人类日常生活中扮演的越来越重要的角色所带来的能力、稳健性、安全性和伦理方面的现实担忧。

虽然各派研究者对于"大型语言模型理解能力"的争论都有自己的见解，但目前用于获得理解洞察力的基于认知科学的方法不足以回答关于大型语言模型的这类问题。事实上，一些研究人员已经将心理测试应用于大型语言模型，这些测试最初是用来评估人类理解和推理机制的。研究发现，大型语言模型在某些情况下确实在心理理论测试中表现出类似人类的反应，以及在推理评估中表现出类似人类的能力和偏好。虽然这种测试被认为是评估人类通用能力的替代性测试，但对人工智能模型系统来说可能并非如此。

一种新兴的理解能力

正如前文提到的，大型语言模型有一种人类难以解释的能力，可以在训练数据和输入中学习信息符号之间的相关性，并且可以使用这种相关性来解决问题。相比之下，人类似乎应用了反映现实世界经验的被压缩的概念。当把为人类设计的心理测试应用于大型语言模型时，其解释结果往往依赖于对人类认知的假设，而这些假设对于模型来说可能根本不正确。为了取得进展，科学家们需要设计新的基准任务和研究方法，以深入了解不同类型的智能和理解机制，包括我们已经创造的"异类的、类似思维实体"（exotic，mind-like entities）的新形式，或许我们正踏上通往探索"理解"本质的正确道路。

随着规模越来越大、能力越来越强的系统被开发出来，关于大型语言模型理解力的争论强调有必要扩展智能科学的范围，以便理解有关人类和机器理解力的更宽泛概念。正如神经科学家特伦斯·塞诺夫斯基所指出的，"专家们对大型语言模型智能的分歧表明，我们基于自然智能的传统观念是不够充分的"。如果大型语言模型和其他模型成功地利用了强大的统计相关性，也许也可以被认为是一种新兴的"理解"能力，一种能够实现非凡的、超人的预测的理解能力。比如DeepMind公司开发的AlphaZero和AlphaFold模型系统，它们似乎分别为国际象棋和蛋白质结构预测领域带来了一种全新的观察视角。

因此可以说，近年来在人工智能领域出现了具有新兴理解模式的机器，这或许是一个更大的"相关概念动物园"（zoo of related concepts）中的新物种。随着我们在追求智能本质的过程中所取得的研究进展，这些新兴的理解模式将不断涌现。正如不同的物种适应于不同的环境一样，我们的智能系统也将更好地适应不同的问题。依赖大量的、历史的编码知识（encoded knowledge）的问题（强调模型性能表现）将继续青睐大规模的统计模型，如大型语言模型，而那些依赖有限知识和强大因果机制的问题将更偏爱人类智能。未来的挑战是开发出新的研究方法，以详细揭示不同智能形式的理解机制，辨别它们的优势和局限性，并学习如何整合这些不同的认知模式。

（范思雨　张骥 译，曾燕怡 校）

更多资料

◆《为什么抽象、推理语料库对于人工智能是有趣和重要的》（*Why the Abstraction and Reasoning Corpus is Interesting and Important for AI*）是一篇由梅兰

妮·米切尔撰写，2023年3月1日发表在substack博客的帖子，讨论了人工智能系统是否能够像人类一样进行抽象思维和推理。

◆《ChatGPT真的通过了研究生水平的考试吗？》（*Did ChatGPT Really Pass Graduate-Level Exams ？*）是2023年2月10日发表在substack博客的一篇帖子，由梅兰妮·米切尔撰写，对ChatGPT能通过各种考试的新闻报道提出了质疑，认为它只是利用了一些技巧来生成看似合理的文章，并没有真正理解题目或展示创造力。

◆ 美国斯坦福大学语言学教授孙朝奋接受《联合早报》采访，认为将来不会出现真正"理解"人类语言能力的机器人。孙朝奋说："我不太知道怎么样才算是破解语言。几年前我曾问过一位计算机系的教授，得知中文机器自动分词的准确率已经达到93%左右，从某种意义上来说，这是很了不起的成就。但是，我又一想，这不就是差不多每行（以20字为一行计）都可能有一个或更多的错吗？！行行都有错，这算不算是'破解了'汉语？每行一个错是不是太多了一点？所以，我不太清楚人工智能是不是已经帮助人类完全打破了语言之间的隔阂了。……目前新出了ChatGPT，机器依靠大数据自动生成语言，毋庸置疑，取得了惊人的进步。但是我还是在想，这算是机器'理解了'人类语言吗？能够自动分词（听得懂和看得懂）和生成句子（能写），甚至能自动编（提升准确率），作为一个语言生成系统的确已经非常了不起了！可我怎么觉得好像机器其实并不'知道'自己在做什么，输出的大多不是经过程序编码预设的句式，就是从数据库搜索出来的现成的句子或片段，当然还有自动把数据库中的语言点建立新联系的编码能力。但我可能还是比较保守，甚至有点杞人忧天，有点恐怖感，担心将来不会存在真正'理解'人类语言能力的机器人，一个'冷血'的机器人，不知道会给人类带来什么样的后果。"

莫滕·克里斯蒂安森　巴勃罗·卡伦斯

人工智能正在改变科学家对语言学习的理解[①]

莫滕·克里斯蒂安森（*Morten H. Christiansen*），丹麦认知科学家，美国康奈尔大学心理学系教授、认知科学项目联合主任，哈斯金斯实验室高级科学家，丹麦奥胡斯大学传播与文化学院教授。其研究表明：语言是一个文化系统，是由通用的认知和学习机制形成的，而不是来自先天的语言专用的心理结构。

巴勃罗·卡伦斯（*Pablo C. Kallens*），美国康奈尔大学心理学系博士生，康奈尔大学认知神经科学实验室和加州大学洛杉矶分校共同心智实验室成员。主要研究兴趣在于现代文化特别是通过符号使用、语言和范畴化改造的人类认知基础。

与大多数书籍和电影中精心编排的对话不同，日常生活中的语言往往是混乱和不完整的，比如开头可能说错，说话可能被打断，以及出现两个人

---

① 原文标题：*AI is changing scientists' understanding of language learning and raising questions about an innate grammar*，发表于对话网（2022年10月19日）。

抢话的情况。无论是朋友之间的闲谈，还是兄弟姐妹之间的争吵，甚至是会议室中的正式讨论，真实的对话都是混乱的。鉴于语言经验的杂乱无章，任何人都能学习语言似乎是一个奇迹。

出于这个原因，许多语言科学家，包括现代语言学创始人乔姆斯基（Noam Chomsky）都认为，语言学习者需要一种"胶水"来控制日常语言的无序性。这种胶水就是语法：一个生成合法句子的规则系统。儿童的大脑必须有一个语法模板，以帮助他们克服语言经验的局限性。

例如，这个模板可能包含一个"超级规则"，规定如何将新的片段添加到已有的短语中。然后，孩子们只需要学习母语是把动词放在宾语之前（如英语说成"我吃寿司"），还是把动词放在宾语之后（如日语说成"我寿司吃"），就行了。

然而，让人意想不到的是，近来人工智能为语言学习领域提供了新的见解。一种新型的大型人工智能语言模型在接受大量的语言输入后，可以写出报纸文章、诗歌和计算机代码，并如实回答问题。更令人惊讶的是，这些输出都是在没有语法的帮助下完成的。

没有语法的语言

尽管这些人工智能语言模型的选词有时显得奇怪、无厘头，或含有种族主义、性别歧视和其他偏见，但很明显，它们绝大部分的输出是符合语法规则的。这些模型没有硬性规定的语法模板或规则，而是依靠语言经验进行学习，尽管这种经验可能是混乱的。

在这些模型中，GPT-3 可以说是最为著名的一个，它是一个巨大的深度学习神经网络，拥有 1 750 亿个参数。经过训练，它可以根据互联网、书籍和维基百科上的数千亿个词，预测句子中的下一个单词。当GPT-3做出错误的预测时，它的参数将使用自动学习算法进行调整。

值得一提的是，GPT-3可以生成可信的文本，并且能够回应像"概括上一部《速度与激情》电影的情节""写一首艾米莉·狄金森风格的诗"等指令。此外，GPT-3还能够解答SAT[①]的类比题和阅读理解题，甚至可以解决一些简单的算术问题。所有这些功能都是通过学习如何预测下一个单词来实现的。

比较人工智能模型和人类大脑

然而，这些人工智能语言模型与人类语言的相似性并不限于此。《自然神经科学》杂志上发表的研究表明，这些人工深度学习网络似乎使用了与人脑相同的计算原理。由神经科学家乌里·哈森（Uri Hasson）领导的研究小组首先比较了GPT-2（GPT-3的"小兄弟"）和人类在预测《美国生活》（This American Life）节目中的下一个单词时的表现：人类和人工智能几乎有50%的时间都预测了完全相同的单词。[②]

研究人员记录了志愿者听故事时的大脑活动。他们对观察到的活动模式的最佳解释是，人的大脑像GPT-2一样，在进行预测时不只使用前面的一两个词，还依赖于之前多达100个词的累积语境。作者得出结论："参与者听自然语音时表现出自发的预测性神经信号，这表明主动预测可能是人类

---

① SAT是一种标准化考试，主要用于美国的大学入学申请。SAT由College Board组织和管理，测试学生的阅读、写作和数学能力。——译者注

② Goldstein, A., Zada, Z., Buchnik, E. et al. Shared computational principles for language processing in humans and deep language models[J]. Nat Neurosci, 2022, 25: 369–380.

终身语言学习的基础。"

一个可能的担忧是，这些新的人工智能语言模型被输入了大量的信息：GPT-3 是在相当于人类 2 万年的语言经验基础上进行训练的。然而，一项尚未经过同行评议的初步研究发现，[①] 即使在仅有 1 亿个单词的基础上进行训练，GPT-2 仍然能够完成某些模拟，包括人类如何预测下一个单词，以及大脑激活的模式。这完全在普通儿童生命的头 10 年可能听到的语言输入量之内。

我们并不是说 GPT-3 或 GPT-2 完全像儿童那样学习语言。事实上，这些人工智能模型似乎并不理解它们所生成的内容，而理解是人类语言使用的基础。但是，这些模型证明了学习者（尽管只是硅基生命）可以仅通过接触就能很好地学习语言，并生成完美的合法语句，并以类似于人脑处理的方式来学习。

重新思考语言学习

多年来，许多语言学家都认为，对于学习语言来说，内置的语法模板是必需的。但新的人工智能模型却证明了这一观点是错误的：学习语言的能力可以单纯从语言经验中获得。我们也逐渐认识到，儿童学习语言并不需要天生具备语法知识。

俗话说："大人在说话，小孩别插嘴。"（Children should be seen, not heard.）但最新的人工智能语言模型表明，这种看法大错特错。实际上，儿

---

① 该文已经发表，参：Hosseini E A, Schrimpf M, Zhang Y, et al. Artificial neural network language models predict human brain responses to language even after a developmentally realistic amount of training[J]. Neurobiology of Language, 2024: 1–50.

童需要尽可能多地参与到一来一回的对话中去，以帮助他们发展语言技能。这表明，成为一个合格的语言使用者的关键在于获得语言经验，而非精通语法。

（何敏燕 译，朱浩瑗 校）

内奥米·巴伦

ChatGPT 正在剥夺我们独立思考的动力 [①]

内奥米·巴伦（*Naomi Baron*），华盛顿特区美国大学语言学教授。研究领域包括计算机为媒介的交流、写作和技术，社会背景下的语言，语言习得和英语历史。著有 *Always On : Language in an Online and Mobile World*、《读屏时代：数字世界里我们阅读的意义》等。

当 OpenAI 公司在 2022 年年底推出新的人工智能程序 ChatGPT 时，教育工作者开始担心：ChatGPT 可以生成看起来像人类写的文本，教师如何检测学生在写作作业中是否使用了人工智能聊天机器人生成的语言？

作为一名研究技术如何影响人们阅读、写作和思考方式的语言学家，我认为除了作弊，还有其他同样紧迫的问题，包括：人工智能是否更普遍地威胁到学生的写作技能、写作作为一个过程的价值，以及将写作视为思考的载体的重要性。

在我关于人工智能对人类写作影响的新书中，我围绕这些问题调查了美国和欧洲的年轻人，许多人都担心人工智能工具会降低写作的价值。然

---

① 原文标题：*Even kids are worried ChatGPT will make them lazy plagiarists, says a linguist who studies tech's effect on reading, writing and thinking*，发表于对话网（2023 年 1 月 20 日）。

而，正如我在书中指出的，这些担忧已经酝酿很久了。

用户看到了负面的影响

人工智能程序可以用来编辑或生成文本，ChatGPT 只是最新的工具之一。事实上，人工智能有可能破坏写作技巧或写作动机的威胁已经存在了几十年。

拼写检查程序和更为高级的润色程序（如 Grammarly[①] 和 Microsoft Editor）是最广为人知的由人工智能驱动的编辑工具。除了纠正拼写和标点符号，它们还能识别语法问题，并提供替代方案。

人工智能文本生成的进展包括在线搜索的自动完成、预测文本。在谷歌搜索中输入 "Was Rome"，你会得到一个选择列表，其中包括如 "Was Rome built in a day" 这样的选项。在短信编辑栏中输入 "ple"，你会得到 "please" 和 "plenty"。这些工具不请自来地介入我们的写作过程，不断地要求我们遵循它们的建议。

在我的调查中，年轻人对人工智能在拼写和单词补全方面的帮助表示赞赏，但他们也谈到了负面影响。一位参与者说，"有些时候，如果你依赖预测文本（程序），你将丧失拼写能力"。另一位认为，"拼写检查和人工智能软件……可以……被那些想走捷径的人使用"。

一位受访者提到，他之所以变得懒惰，是因为对预测文本程序产生了依赖："在我不想动的时候，它是不错的。"

---

① Grammarly 是一款免费的写作辅助工具，它可以帮助你检查和改进你的英语写作，包括语法、拼写、标点、词汇和语气。Grammarly 可以在你的电脑、浏览器、手机和其他网站或应用上工作。Grammarly 还可以帮助你避免抄袭，以及正确引用来源。——译者注

个人表达能力减弱

人工智能工具也会影响一个人的写作风格，比如有人说，由预测文本程序生成的文章"不像是自己写的"。

英国的一名高中生在描述 Grammarly 时也表达了对个人写作风格的担忧："Grammarly 会去除学生的艺术风格……Grammarly 不会采用我们自己的风格，而是提出大量的修改建议，从而剥夺掉了我们自己的风格。"

哲学家埃文·塞林格（Evan Selinger）同样表示担忧，他认为预测文本程序削弱了写作作为精神活动和个人表达形式的力量。

塞林格写道："通过鼓励我们不要太深入地思考自己的语言，预测技术可能会巧妙地改变我们彼此之间的互动方式。我们给别人的是算法，而非自己……自动化会阻止我们思考。"

在文字社会里，写作被认为是帮助人们思考的一种方式。许多人都引用了作家弗兰纳里·奥康纳（Flannery O'Connor）的话："我写作是因为我不知道我在想什么，直到我读到我说的话。"威廉·福克纳（William Faulkner）、琼·狄迪恩（Joan Didion）等著名作家也表达了类似的观点。如果人工智能文本生成工具为我们写作，我们就减少了自己思考问题的机会。

使用 ChatGPT 这样的程序来生成语言的一个可怕后果是，文本在语法上臻于完美。这是一个成品。事实证明，缺乏错误是一个迹象，表明是人工智能而非人类写了这些话，因为即使是有成就的作家和编辑也会犯错。人类的写作是一个过程。如果我们质疑我们最初写的东西，我们会选择重写，或者完全另起炉灶。

学校中的挑战

在完成学校的写作任务时，理想的情况是教师和学生之间不断对话，讨论学生想写的内容，分享并评论初稿，然后是学生重新思考和修改。但这种做法往往并不现实。大多数教师没有时间来充当编辑和指导的角色。此外，他们可能缺乏兴趣或必要的技能，或两者都缺。

认真的学生有时会自己承担这个过程中的某些角色，就像专业作者通常做的那样。但是，由于受到像 Grammarly 和 ChatGPT 这样的编辑和文本生成工具的诱惑，人们很容易用现成的技术成果代替思考和学习的机会。

教育家们正在集思广益，讨论如何好好利用人工智能写作技术。一些人指出了人工智能在启动思考或合作方面的潜力。在 ChatGPT 出现之前，其早期版本 GPT-3 被 Sudowrite 等企业授权。用户可以输入一个短语或句子，然后要求软件续写，这可能会激发人类作家的创作灵感。

逐渐消失的所有权意识

然而，在合作和侵占之间存在着模糊地带。作家詹妮弗·莱普（Jennifer Lepp）承认，随着她越来越依赖 Sudowrite，所产生的文本"感觉不再是我的。回头看看我写的东西，并没有真正感觉到与文字或想法的联系，这是非常不舒服的"。

我们应该区分写作辅助和 AI 写作（即让人工智能文本生成器完全接管写作），但是与经验丰富的作家相比，学生更难区分二者之间的界限。

随着该技术变得更加强大和普遍，我预计学校将努力向学生传授生成人工智能的利与弊。然而，效率的诱惑会让人很难抗拒依靠人工智能来打磨写作任务，或为你完成大部分的写作。拼写检查、语法检查和自动完成程序已经铺平了道路。

写作是一个人的过程

我问 ChatGPT，它是否对人类的写作动机构成威胁。这个机器人的回答是：

"对创造性、原创性内容的需求将始终存在，而这就需要人类作家的独特视角和洞察力。"

它继续说："写作的目的有很多，不仅仅是创造内容，还包括如自我表达、交流和个人成长，即使某些类型的写作可以自动化，也能继续激励人们写作。"

我很高兴地发现，该程序似乎承认自己的局限性。

我希望教育工作者和学生也能如此。写作不仅仅是为了分数，创作应该是一段旅程，而不仅仅是一个目的。

（徐港 译）

更多资料

◆ 在广播节目《雷区》（The Minefield）中，内奥米·巴伦教授与瓦利德·阿里（Waleed Aly）和斯科特·斯蒂芬斯（Scott Stephens）讨论了人工智能对人类写作活动的影响。

◆ 在广播节目《真实虚构》（Real Fiction）中，内奥米·巴伦教授讨论了 ChatGPT 在教育环境中的意义和影响，巴伦教授鼓励我们思考：随着人工智能技术的日益普及，创造一个写作任务意味着什么。

◆ 可以关注巴伦教授 2023 年 9 月出版的新书《谁写的？人工智能和效率诱惑如何威胁人类写作》（*Who Wrote This？How AI and the Lure of Efficiency Threaten Human Writing*）。

饶高琦

重视聊天机器人背后的语言知识与伦理

饶高琦，博士，北京语言大学汉语国际教育研究院助理研究员。主要从事计算语言学、数字人文和语言规划方面的学术研究与工作。创办并运营语言学科普公众号"汉语堂"，产生了较大的社会影响。

重视聊天机器人背后的语言知识与伦理

最近一段时间，人工智能和互联网领域最火的话题莫过于智能对话系统"生成式预训练模型聊天机器人"（即ChatGPT，暂译，以下简称"聊天系统"）。该系统不仅支持包括中文在内的多语聊天，而且还能够扮演角色，甚至执行编程任务。对于或诙谐或严肃的提问，它的表现令人感到惊艳：相当多的知识内容正确，语言表达更是流畅，并且还支持多轮连续聊天。因此，不少人感慨"自己已经沉迷于和它对话""让它替我编程、写稿，效率提升"。甚至有人用它生成了某行业的咨询报告，通过对话引导它生成的书也在亚马逊线上出版。但在聊天系统与人类流畅交谈的表面下，其对人类知识的掌握仍不可靠。随着测试的增加，也有越来越多的人感慨它"常常一本正经地胡说八道"。错误信息以纯熟的语言表达出来，因而更加隐蔽。但无论如何，在不少人认定本轮人工智能泡沫开始破裂的时间点，它的诞生无疑是给人们打了一剂"强心针"。

人工智能所涉任务众多，语言智能却越来越成为方法、技术和应用方面的领先领域。正如聊天系统对自己的介绍："我是一个语言模型。"该系统得以驾驭极其广泛的知识内容，来自对互联网文本内容的获取和"理解"，进而形成了自己的"知识体系"。其中所涉技术十分复杂，但它的成功无疑以非常直观的方式向我们展示了语言之于人类知识乃至人类思维的重要性。人工智能的核心在于对知识的获取、表示和运用，语言无疑是其中的关键。教科书上"语言是人类最重要的思维工具""人类九成的知识由语言承载"的论断在人工智能系统的应用上得到了淋漓尽致的展现。知识和思维的承载物是语言，因而也赋予语言无可替代的资源属性。智能技术的发展和落地，频繁向传统语言学的教育和研究发出信号：构建语言资源、挖掘语言中的知识、探索语言知识的形式表达，是最切中数字社会命脉的发展方向。

当然，正如过去几十年中任何一项智能技术的成熟落地一样，聊天系统也引起了一波关于"失业潮"的讨论。这样的担心实无必要。过去几十年里，由于智能技术成熟引起的"失业潮"几乎从未出现过，短期内或许会搅动局部行业，但长期来看却相反。技术应用本身也催生了大量新岗位，例如聊天系统的研制本身依赖于海量的人工数据标注和反馈，数据标注师和测试员岗位需求巨大。

更深层次来看，与聊天系统强大的语言生成能力不匹配的是它对知识的真正掌握程度。大量模棱两可乃至错误的信息混杂在看似流畅的对话中，反而令其更加难以被发现。诚如清华大学马少平教授所说："人工智能最大的问题是不知道自己不知道什么，也不知道自己真知道什么，什么问题都能回答，结果如何就不得而知了。"在一般性知识极易获取，复杂知识参差不齐的背景下，人类专家的专业判断力和经过思考加工的准确回答，显得弥足珍贵。人工智能诸多技术"黑箱"带来的不确定性，终究还需要人类专业、全局的判断来化解。从这个层面上讲，"自知"的人类永远不可或缺。

也恰恰因为技术"黑箱"的存在，人类才需要不断从自身、从技术上去寻求可靠、可信的技术和技术使用方式。可信的人工智能、可信的计算成为融合技术、伦理的重要领域，并受到越来越多的重视。更宏观的人工智能伦理和治理工作也早已被纳入科技管理的视野。挽救"失足系统"，矫正"智能体歧视"也许不再是比喻，而将成为使用者、从业者和治理者都必须面对的问题。

（发表于《光明日报》2022年12月13日第10版）

规范生成式智能服务，充分释放技术红利

近日，国家网信办发布《生成式人工智能服务管理办法（征求意见稿）》（以下简称《办法》），向社会公开征求意见。自去年以来，生成式人工智能快速走红，席卷文本、图像、音频、视频等各类媒介场景，成为全社会关注的焦点。

生成式人工智能服务以其优异的知识表现、流畅的语言交互和媒介输出，引发了各界的使用和"尝鲜"热潮。今天生成式智能服务背后的核心技术是大规模预训练模型（以下简称"大模型"）。热潮之下，大数据和大模型驱动形成的内容生产模式给科研、生活和伦理带来巨大冲击。

大模型与人类历史上其他科技发明的不同之处在于，发明者第一次无法完全理解人类创造物的具体运行机制，即"黑盒效应"。大规模深度神经网络在训练和使用中，存在结果的不可解释性和不稳定性，这是造成今天伦理焦虑的核心根源。然而这并不能改变大模型作为技术发明的工具属性。在实践中，对待工具有三个层面的要点：以工具视之、以工具用之、以工具治理之。"以工具视之"要求从中性、客观的角度看待新事物。"以工具用之"在于最大限度发挥其优点，规避其缺点。"以工具治理之"的要义则在于将规划和治理目标放在技术使用的行为与场景中，而非技术本身。

《办法》的发布无疑是向"以工具治理之"层面迈出了坚实的一步。我国针对语言生成技术和应用的伦理探索和法规规制起步早、发展快。早在2019年年末，北京语言大学、中国中文信息学会等单位向工业界和学术界发布了面向智能内容生成的伦理规制宣言——《推进智能写作健康发展宣言》。2022年，国家网信办、工信部、公安部联合发布《互联网信息服务深度合成管理规定》。而今天，《办法》的起草完成，在过去学术界和司法界探索实践的基础上，综合考虑了近期技术发展与初步应用的特点，与网络安全法、数据安全法等法律相协调，构筑了深度生成服务的管理体系。

用户隐私、内容歧视和模型研发是当前深度生成应用的三个重要法规风险点。《办法》明确，国家支持人工智能算法、框架等基础技术的自主创新、推广应用和国际合作。《办法》集中瞄准技术应用问题，从明确条件要求、划定责任主体等几个方面为行业划定底线。生成内容本身应符合公序良俗和国家法律法规，技术提供方担负内容责任，使用方则应被充分告知其责任，应充分了解智能技术的界限和风险。《办法》对隐私信息这一备受关注的伦理风险点也作出了回应，要求提供方对此做好预防和反馈响应机制。数据资源和预训练模型是生成技术的基础，对此《办法》也要求在技术服务成形的前序阶段就进行法规管制，不得含有违法和有违公序良俗的内容。

法规体系逐步建立是数智时代社会治理的先声与实践。大模型结合大数据，是可预见的未来智能技术的落地范式。治理应用、梳理资源是营建生成式智能技术健康生态的重要抓手，这两者也将成为数智时代最重要的政策研究话题。在更高的层面上，人机共生时代的我们还需要关注机器的行为，构建机器行为学，对其语言、传播和物理世界的行为进行研究和探索，以最大程度保障数智时代的社会福祉，收获人机共生的时代红利。

（发表于《光明日报》2023年4月17日第2版）

ChatGPT 与语言伦理：数据规制与使用规制

ChatGPT的爆红使大规模生成式预训练模型进入了公众的视野。其优异的知识表现和流畅的语言交互，引发了各界使用和"调戏"的狂潮。热潮之下，大模型和大数据共同驱动形成的新范式，给科研、生活和伦理带来巨大冲击。在应对冲击的过程中，人机共生的语言生活样态将逐步形成并稳定发展。

面对ChatGPT和其他大模型、系统，我们需要在伦理上做出反应。具体而言，我们认为基本的伦理态度应是秉持工具化，守好科技向善、身份披露和以人为本的总体原则；在伦理规制的众多实践上应以语言资源为抓手，在科研和工程上注重语言知识挖掘、提倡世界知识中文表达；在使用监管上则应以开发者、使用者、行为和场景监管为主，并积极扶持国产大模型研发，共同构建未来应用生态。

1. 大模型的工具化理念

人与工具协同发展是历史中的常态。大模型与历史上的其他技术发明有所不同，即人类第一次无法完全理解创造物的具体运行机制（深度神经网络带来的黑盒效应）。这造成了一定的伦理焦虑，然而却并不改变其作为技术发明的工具属性。如同互联网和搜索引擎革新了人类的知识获取和管理方式，大模型的扩散必将重塑"获取答案"和"获得陪伴"的方式，且使其大大简化。

在实践中，将 ChatGPT 工具化呈现于三个层面：以工具视之、以工具用之、以工具治理之。以工具视之要求我们不要慌张，不要抵触，将其看作中性、客观的事物。以工具用之在于最大限度发挥其优点，规避其缺点。以工具治理之的要义则在于将规划和治理目标放在技术使用的行为与场景，而非技术本身。正如语言规划在于规划语言生活而不是语言本身，以工具治理之主要治理使用者、使用者行为和使用环境，并认可、正视工具化所带来的益处。

基于这样的思想，我们提出面向大模型技术之外的两种重要的伦理规制实践：模型研制源头的数据规制和大模型投放之后的使用规制。

2. 大模型的数据规制

语言智能的实现基于对大规模语言数据的加工和利用。语言模型对语言资源的利用能力是其性能的重要指标。2022 年 ChatGPT 的研发机构 OpenAI 公布了其背后的语言模型 GPT-3.5 训练数据集的规模：4 990 亿个词，模型参数高达 1 750 亿。2023 年升级版 GPT-4 模型参数量达到了惊人的 1.6 万亿。

极端巨大的语言模型可以将语言大数据中所蕴含的语言知识以统计方法提取出来。人类绝大多数的知识和信息以语言形式存在。而所有知识又一定存在于某个或某几个具体的语种之中。因而语言资源的语种分布，在数智时代具有了更加巨大的重要性。GPT-3.5的训练语料语种分布如下表所示：

语　　种	字　符　数	占　　比
英文	1 051 665 177 484	92.098 64%
法文	20 309 400 904	1.778 68%
德文	19 136 098 380	1.675 83%
西班牙文	9 007 559 288	0.788 83%
意大利文	7 322 862 470	0.641 29%
葡萄牙文	6 203 099 243	0.543 23%
荷兰文	4 049 596 619	0.354 64%
俄文	2 562 941 612	0.224 45%
波兰文	2 108 747 016	0.184 67%
罗马尼亚文	1 893 347 238	0.165 81%
日文	1 839 624 833	0.161 10%
芬兰文	1 833 334 362	0.160 55%
中文	1 828 425 488	0.160 12%

可见，在大模型语言资源中，英文占据绝对优势，中文占比极低。这一方面使得大模型在英语问答中表现惊艳，另一方面，非英语资源的匮乏可能会使它在其他语言中的表现欠佳，错误较多。更值得注意的则是，众多非英语问答内容实际上是经过翻译呈现出来的。它们更多体现了英语世

界对某问题的看法和解读。这无疑对非英语使用者十分不利。而且，在面向全球和全社会的知识服务中，中文和中文承载的知识可以占据多大席位，决定了未来知识服务中可以体现多少中文世界的事实、观点、立场、态度和情感。在以国际学术期刊为代表的世界学术领域中，经过改革开放后几十年的努力，中文论文代表的中文知识表达已跻身第二集团中档。在互联网中，中文网页信息占比则只有1.5%。在已经来到的数智化知识管理时代中，中文无疑又处在不佳的首发地位。近年来，李宇明等学者不断重申"世界知识，中文表达"的理念，倡导在知识生产中重视语种选择，提高使用母语的自觉意识。这不仅在学术、科研领域具有价值，如今看来对整个中文世界都有重要指导意义。

基于开放、共享的互联网精神，遵循尊重版权、善意使用的原则，加大中文网络内容生成，促进优质内容上网，尤其是促进以古籍为代表的中华优秀传统瑰宝数字化，是助力中文在数智化知识管理时代占据优势的重要抓手。经典知识迅速开放，新增知识中文表达，应成为当下中文语言资源治理的一条主线。

在实践中，应对大模型需求，语言资源应做好确权、脱敏和开放三方面的工作。资源确权即在数据所有权和使用权方面的确定和保护。使用权、所有权进行有效规定和清晰分离，以便中文语言数据可以脱离互联网大厂控制为全社会，尤其是技术研发所使用。数据脱敏是数据所有权和使用权分离中必须进行的操作。在保证语言数据可用的前提下，对其中的个人身份、隐私或其他敏感信息进行去标识化或加密处理，以确保语言数据的安全性和隐私性。在此基础上，大力做好数据开放工作，加速中文语言数据以合法、标准、可控的方式实现善意使用。其中最大受益者就将是各类大规模语言模型和基于此开发的语言智能应用。

3. ChatGPT 的使用规制

大模型的使用规制主要集中于开发者、使用者、使用行为和使用环境四个方面。

在开发者方面，大模型应在互联网开放、共享精神的激励下，以适宜的商业模式，以尽量简便的形式，为尽量广泛的公众提供知识服务，充当知识基础设施。全社会的知识资源是大模型存在的基础。利用这些开放资源研发的模型，理应以知识服务的形式回馈全社会。大模型的开发应弥合知识鸿沟，而非加大之。

然而我们也必须看到大模型和类似产品的研制、运营需要消耗巨量资源，必须讲究经济效益。截至2023年2月，ChatGPT 背后 GPT-3.5 模型每一轮训练的能源和计算成本都高达千万美元。叠加运营费用后，每千词的生成成本估算有0.1—0.2美分。随着技术升级，这一成本将显著降低。OpenAI 也通过高级用户付费、API 接口付费和接入微软搜索引擎等方式进行商业运营。OpenAI 作为演示和体验的公共知识服务，将和基于其模型构建的其他应用一同形成差异化的知识服务生态。这一模式值得后来者借鉴。

在使用者方面，大模型的使用者应为全社会所有适龄成员。但这并不意味着使用者可以无门槛进行使用。使用者需要明确知道大模型的工具属性和工具目的，以及善意、良好的使用方式。他们需要被告知大模型背后的数据来源、处理方式，以及可能存在的信息真实性问题、隐私问题等。成年使用者尤其需要了解作为知识服务的获益者，仍然需要为由此所引起的后果负责。

在使用行为方面，政府、企业和机构应积极引导制定规范，预防大模型的误用和滥用，保障大模型的平稳运行，免受攻击和恶意使用。这包括避免歧视性的处理方式、避免误导性的结果、避免有损公平性的使用。我国在 2023 年 1 月实施的《互联网信息服务深度合成管理规定》就规定了应当进行显著标识，避免公众将生成模型产生的结果与人类行为发生混淆。不得制作、复制、发布、传播法律或行政法规禁止的信息等。这是对使用行为规制的具体落实，为后续探索更加全面的大模型治理奠定了基础。

在使用环境方面，大模型的使用需要至少遵循公平、安全、以人类为中心等原则。大模型的使用场景应具有灾备、举报、警示等机制。大模型不得用于对人类能力进行筛选和考评的场合，以免破坏公平性。尤其值得一提的是"以人类为中心的原则"，即不应干扰人类能力的发展，如不得在儿童和青少年关键能力发展和养成期，代替人类进行有关能力发展的实践等。

总而言之，大模型的出现对语言科研提出了转型挑战。大模型带给我们的震撼，要求语言研究更多关注语言资源建设和语言伦理问题。这两者将共同构成数智时代最重要的研究话题。李宇明在 2020 年曾提出应创立机器语言行为学，今天来看，很有先见之明，值得学术界和产业界同仁进行更深入的探索。

（发表于《天津师范大学学报》2023 年第 3 期）

沈威

ChatGPT 的形成机理与问题应对[①]

沈威，华中师范大学语言与语言教育研究中心副教授。研究方向为中文信息处理、现代汉语。出版独著1部，合著1部，发表论文30余篇。

2018年以前，在自然语言处理领域没有什么里程碑式的产品，甚至可以说没有什么像样的产品。但2018年，BERT（Bidirectional Encoder Representation from Transformers）和GPT（Generative Pre-trained Transformer）两个语言模型问世，且有一争高下之势，语言模型开始走向人类科技的舞台中央。2022年以来，各种大型语言模型更如雨后春笋般出现，平均每4天就有一个大型语言模型问世。比如，LaMDA、Gopher、PaLM、MT-NLG、Jurassic-1等。自2022年11月OpenAI发布语言模型ChatGPT（即GPT-3.5）以来，ChatGPT持续走红，成为近期的热点话题，ChatGPT也成了现象级产品。各种类ChatGPT产品也开始出现。本文便对ChatGPT的形成机理与问题应对进行一定探索。

---

① 本文发表于《中国社会科学报》（2023年3月7日第A07版）。

ChatGPT 是什么

要弄清 ChatGPT 的来龙去脉，有必要先弄清 GPT 的身份。GPT 是一种语言模型，能够通过深度机器学习生成人类可以理解的自然语言。它由 OpenAI 公司训练与开发，并被微软公司在 2020 年 9 月取得了独家授权。2018 年 GPT 诞生之后的初代版本也就是 GPT-1（约 5 GB 训练文本，1.17 亿参数量）还平平无奇，即便是发展到第二代 GPT-2（约 40 GB 训练文本，15 亿参数量）也没有给人们留下太多印象，因为确实也没有什么特别过人之处。不过，从第三代 GPT-3（约 45 TB 训练文本，1 750 亿参数量）开始，它就显示出了超强的能力，开始在自然语言处理领域大放异彩。

自 2022 年 5 月开始，GPT-3 以几何级数量增加知识储备，每天新增的词汇量高达 450 亿词。相对于 2021 年，GPT-3 每天新增的词汇量整整增加了 10 倍，其文本生成能力也获得大幅增长。人们只需要给出简单的提示，GPT-3 就能自动生成完整的、通顺流畅的长文章。GPT-3 也因此在自然语言处理领域崭露头角。不过，GPT-3 也有不少缺点。作为预训练模型的 GPT-3 是通过海量数据（约 45 TB 的训练文本）在超大参数量级（1 750 亿参数量）模型上训练出来的，而这些样本中各种观点参差不齐，很大程度上会在某些问题上带有偏见。

为弥补 GPT-3 的不足，OpenAI 对其进行了改进，加入了指示学习（instruct learning）、提示学习（prompt learning）、微调（fine-tune）以及人工反馈的强化学习（reinforcement learning from human feedback），使 ChatGPT 进入 GPT-3.5 时代。有了以上四项关键技术的加持，ChatGPT 相对于 GPT-3 参数量大大减少，在聊天领域的文本生成能力却有了显著提高。

ChatGPT对GPT-3的优化可以分为3个步骤：（1）利用人工标注的数据微调GPT-3。（2）训练一个符合人类评价方式的评价模型Reward Model，对给定的上文与自动生成的回复打分并对分数按从高到低排序。（3）利用训练好的Reward Model指导GPT-3进一步进行微调，使模型生成更加符合人类习惯的聊天文本。

在询问ChatGPT"你有什么功能"时，它回答道："作为一个人工智能助手，我可以提供以下一些功能：（1）问答：我可以回答各种问题，例如科学、历史、文化、语言、计算机等方面的问题。（2）翻译：我可以将文本或语音翻译成多种语言，例如英语、法语、中文等。（3）对话：我可以进行智能对话，回答各种关于生活、工作、学习等方面的问题。（4）生成：我可以生成文本、图片、音频和视频等多种类型的内容，例如文章、摘要、图像和音乐等。（5）学习：我可以根据用户的反馈和数据进行学习和优化，提高自己的表现和性能。（6）娱乐：我可以提供一些娱乐功能，例如笑话、游戏、音乐等。总之，我是一款功能多样、灵活性强的人工智能助手，可以帮助用户解决各种问题和需求。"其实，ChatGPT拥有的问答、翻译、对话、生成、学习和娱乐这6个技能并不在一个层面上。从逻辑关联上看，问答、翻译、对话、学习和娱乐这5个技能都是"生成"的子类。从表现形式上来讲，翻译、对话、生成、学习和娱乐都是"问答"的子类，即根据用户的提示，机器给出回答。

ChatGPT 的利弊

ChatGPT在推出两个多月时，月活用户便已突破1亿。这从侧面反映了ChatGPT在对话生成、问答系统、文本生成、文本翻译等方面的强大能力。

ChatGPT 具有如下优势。（1）知识面广泛。相对于人类而言，ChatGPT 的知识面更广泛。人类个体的时间、精力包括脑力都是非常有限的；ChatGPT 则是利用深度机器学习方法对海量数据进行训练，并通过人工反馈的强化学习得到的语言模型，其知识面的广度要远胜于人类个体。（2）较强的自然语言生成能力。ChatGPT 有较强的自然语言生成能力，这意味着它可以一定程度地理解人类语言，包括各种方言和口音，能够回答各种形式的问题。尤其是当文本中出现语法、拼写等错误时，它可以自动进行纠正，确保用户能够得到准确的答案。（3）具有一定创造性。由于 ChatGPT 可以记住之前的交互内容，并接受人工反馈的强化学习，这意味着它能较好地学习人类的偏好和习惯，并根据这些信息提供更好的答案。所以，ChatGPT 在创作或回答问题时生成的文本内容（如诗歌、小说、新闻、对话等）很像人类的风格，也使得 ChatGPT 在创造性上优于以往的文本生成模型。（4）应用领域广泛，前景巨大。ChatGPT 可以应用于多种场景。比如，在客户服务、自然语言生成、语音助手、问答系统等领域，ChatGPT 都能胜任，并能够较为出色地完成一些基础任务。ChatGPT 的更多使用场景也在不断拓展，发展前景广阔。

不过，ChatGPT 并非完美无缺，目前尚无法跨越以下壁垒：（1）缺乏真实情感和思想。由于 ChatGPT 在训练语料里很难获取到人与人之间的表情、姿态以及其他语境下的多模态信息，所以它虽然具有较强的生成能力，生成的文本合乎语法，四平八稳，但是却很难创造出能与人类共情的内容。（2）容易形成带有偏见的观点。由于投喂给 ChatGPT 的数据都是历史数据，它学习这些历史数据后很可能会根据所学内容形成偏见。尤其是 ChatGPT 接受了人工反馈的强化学习，就难免会使很多结论带有主观性，对某些问题易形成偏见。（3）容易一本正经地胡说八道。由于ChatGPT在生成答案时，往往是通过词语和词语之间的关系关联生成文本，但它却不能判别生成文本内容的真伪，所以很可能会传播与事实不符的情况。（4）容易被欺骗从而给出违背伦理道德的建议。ChatGPT本来已由开发者设置好道德和伦理标准，用户询问的事情如果违反道德和伦理标准，ChatGPT是有权拒绝回答的。但由于ChatGPT的反馈结果极易受到指令（prompt）的影响，同样一个问题，给出的指令不同，生成的结果就不一样。用户能够通过伪装、欺骗，轻易使ChatGPT放弃掉开发者为之设定好的道德和伦理标准。

应对ChatGPT带来的问题

ChatGPT的出现会对很多行业带来冲击，其自身利弊及产生的科技伦理等诸多问题，需要我们深入思考并给出解决之道。（1）ChatGPT的定位。在人类的工作和学习中，ChatGPT只能是从属者，人始终是第一位的。虽然ChatGPT的知识面很广，也具有一定的创造性，但这种创造性是有限的。离开了人的创造性，ChatGPT很难有所作为。由于ChatGPT还是基于指令驱动的，要解决同样一个问题，不同的指令产生的结果会天差地别，指令的提出本身也是需要创造性的。这也催生了大量专门提供指令的从业者。（2）人工智能文本生成的检测亟须解决。ChatGPT的文本生成带给人们的便利显而易见，在避免人类进行重复性工作的同时，也带来了诸多现实问题。如果大部分人都使用人工智能生成的文本，将是非常可怕和可悲的事情，这会弱化人类思维能力。缺少思考、缺乏创新，将会导致社会的倒退。如何有效、高效地判定某个文本是否为人工智能自动生成，或具有重要意义且迫在眉睫。（3）相关法律法规的建立健全。由于训练ChatGPT的原始数据在分布上不一定合理，而且 OpenAI 也只是雇用了 40 个数据标记员进行人工反馈的强化学习和修正，ChatGPT 自动生成的文本不可避免地会有偏见甚至是违法的内容，在很多领域的使用理应受到限制。相关法律法规亟待健全，任何科技产品都应在法律框架内合法使用。

可以说，ChatGPT 的出现不仅颠覆了人们对传统聊天机器人的认知，也会带来许多行业的革新。随着 ChatGPT 的流行，不少类 ChatGPT 的产品也将不断出现，无论是 Bard，还是 ERNIE Bot，抑或其他类似产品，都需要进行人工反馈的强化学习，会生成带有偏见的观点。对此，我们应在监管手段和方法上做好顶层设计，提前布局。

施春宏

ChatGPT 是否会带来学术发表危机①

施春宏，北京语言大学教授，《语言教学与研究》主编。研究领域涉及汉语语言学、理论语言学和应用语言学，近年着力从事构式语法和语体语法的理论与应用探索，以及汉语作为第二语言的习得和教学研究。

人工智能必然会在某种程度上影响未来的学术论文写作和发表，但从目前来看，对我们专业性学术期刊影响不大，不是太可怕，因为这要看人工智能到底是怎么写作的，它写出来的东西是怎样的产品。也就是说，看它输出的内容是否有学术性，是否合乎学术写作规范。

杂志如何判断文章的质量

我们从编杂志的角度判断一篇文章好不好，实际上有三个基本要求。

第一个要求是要有知识创新。学术论文的根本特点是为知识的积累和发展提供前人没有发现的东西。创新度的高低是判断论文学术性的根本依据。

---

① 本文首次发表于 2023 年 2 月 15 日武汉大学文学院举办的 "ChatGPT 来了：人工智能如何改写人文社会科学的教学与研究" 圆桌论坛。文字稿发表于《写作》2023 年第 2 期。

　　第二个要求是要有论证过程。论文的基本论证方式有两种：一种是证实，另一种是证伪。证实比较好办，举出与论点一致的例子来支持自己；而证伪则比较难，要给自己的理论划一个边界，并指出超出这个边界的东西从理论上看应该都是错误的，或者是当下的理论所不论及的。相对而言，证实比较容易，如果有的课程或者有的专业偏向于用证实法来论证，那么受人工智能的影响可能更大。如果将来 ChatGPT 能够自己通过大数据运算而发现一个数学定理、物理规律，而且能够证明，那么它就完全满足了这两项要求了。

　　第三个要求是要符合基本的学术规范。这点看上去似乎比较简单，而实际上 ChatGPT 实现起来还真不容易，至少目前就 ChatGPT 的输出方式和结果来看，还难以达到理想状态。对比较注重学术规范的期刊来讲，作者在引用别人的观点时，要明确地标识来源，让编辑和读者能够有效溯源。但是目前 ChatGPT 给出的答案，都没有明确清晰地对所引用的观点来源做出说明，就凭这一点，也能够说明它不符合学术规范。还有就是学术表达的规范问题，作者自身的表达方式实际上是具有唯一性的。但 ChatGPT 更多的是整合别人已有的表达。另外，ChatGPT 从"正能量"设定出发，在伦理方面做得很好，不提供负面的回答，这种设定跟学风方面的要求也是不一样的。

　　那么 ChatGPT "写"出的东西有没有用？要不要反对？实际上还是有用的，某些情况下甚至非常有用、好用。因为它用来训练和生成的数据库特别大，用到的参数非常多，能给使用者思考问题提供帮助。很多新的工具能拓展我们认知的边界，能够帮助我们做一些前期的分类加工工作，甚至跟外界的互联互动都有可能建立起来。所以我觉得 ChatGPT 是一个非常有用而强大的工具。但是从学术创造的角度来讲，它又是一个非常受限的工具，我们刚才讲的几点它都很难实现。其实，目前ChatGPT的应用场景也不在此。

ChatGPT能写出什么样的论文

我们学术研究中的很多问题，不是那种有一个明确答案的问题。这个问题可以换一个角度看，就是ChatGPT能为论文提供哪些帮助，它到底是助手还是合作者，甚至是唯一作者？它可能更多的还是一个助手，所以没什么可担心的。它生成的文本依赖于它接受训练的数据以及它背后的数据库。这不是说它没有任何"创造性"，文字内容整合本身也是一定的"创造"；但这种所谓的"创造"主要还是一种组合式、库藏式的联结。总体而言，它是一个"知道分子"，不是一个知识分子。知识分子是要创造的，而ChatGPT只是基于我们当下知识的移置和整合。如果它将来和中国知网之类的学术资源库合作，而且用学术研究和写作的方式来训练的话，那么对学术论文的写作和发表的冲击可能就更大了。那个时候要判断ChatGPT生成的产品是不是学术论文，就更要看杂志编辑和审稿专家的眼光和水平了。越是容易放水的杂志，辨别力可能就越低。

拿综述性文章来说，将来如果ChatGPT跟规模巨大的学术资源库绑定以后，它必然给我们写综述提供很大方便，甚至可能比一般学生写综述的水平还要高。现在某些领域就已经有帮助我们写提要的工具了。语言学学科历史维度的资料很多，现在做综述主要还是靠自己一篇一篇地读，然后归纳整理。ChatGPT肯定还在迭代，现在是3.5代，说不定现在是为了推出4代做一个预演，未来可能还有5代、6代出来，它的水平可能就越来越高，那么它在综述方面肯定会写得更好。目前 ChatGPT 有两个功能：搬运和整合。凡是侧重于这方面的综述，例如怎么成为一个高尚的人，怎样做一份旅游攻略，提一个相对具体的常识性问题，它一二三四五，分析得特别好，已经达到常人的水平。实际上，ChatGPT 目前输出的"知识"多带有综述性、分类性，越是确定的知识框架和内容，它做起来越方便。

不过，有一个方面它可能就不太擅长，就是批评性的内容，尤其是针对具体观点的批评，针对当前正在发生的特殊现象的批评。ChatGPT 背后的程序给了伦理道德上的规定，因此在内容批评性创新上就有一定的欠缺。文科论文，特别是我们语言学论文，多是先讲学界研究现状，并从中发现某些研究不足，再陈述自己的看法，采取事实论证、逻辑论证或者是证伪论证，等等。批评是学术成长的重要动力。

批评性文字难，让我想起了托尔斯泰的一句话："幸福的家庭都是相似的，不幸的家庭各有各的不幸。"我们写论文做的就是后半段——不幸的家庭各有各的不幸。批评的难度还在于从特殊性当中发现普遍性意义。

总的来说，从我们学术论文的角度，我觉得 ChatGPT 对写某些类型的综述可能帮助大一些。这倒进一步给我启发，对我们如何带研究生会有帮助：我们要在哪些方面训练和培养研究生？它能做得好的，让研究生自己去学，会省不少事；它做得不到位的，要着意培养。如此一来，对研究生将来的学术研究和发展应该是有帮助的。

当然，这里说的还只是就当下 ChatGPT 的生成能力而言的，其实它本身还在飞速迭代，未来的发展肯定远超当下的认识。凡是对未来的预测都有极大风险，而且常常是难以到位甚至是多有错误的。目前最好是紧盯着它，边走边看，甚至参与其中。

如何应对 ChatGPT 对学术发表产生的冲击

从学术期刊的角度可能就是8个字：与狼共舞，规范使用。狼来了你也回避不掉，在你的院墙外叫了；要是你的窗子又破了的话，它就往里蹿了。所以只能是与狼共舞，考虑怎么样把基本功练好。

ChatGPT写出来的都是"平庸"文本，机械生成的文本，这里的"平庸"要打引号，是中性的。它这种"平庸"文本是基于共享的知识整合出来的。我们在这个基础上怎样创造一个非平庸的文本？实际上我们有很多研究在消灭"平庸"的同时也在制造"平庸"，是因为"平庸"，所以我们"平庸"了，我们很多研究都是这种路径。

国内的学术杂志会不会像国外某些杂志那样，出台一些针对人工智能写作论文的限制性措施呢？暂时恐怕不会，因为没有必要。如果将来有必要，那就是它真的跟中国知网之类的学术资源库合作了。目前，国外杂志对ChatGPT的使用限制，基本上体现在是否允许ChatGPT署名的问题上。我想，难道用ChatGPT这种工具写出来的文章也能发表在像《自然》《科学》这样的杂志上吗？

国内两家杂志已经发表了类似限制人工智能写作使用的声明，但目前来看这个意义还不够明朗，所以还是要回到根本，看ChatGPT到底写的是什么样的"论文"。将来难以预测，我们只能说当下：如果是以创新为主导追求的期刊的话，那么目前我们看不出来它有多大的威胁。像我们这样的语言研究，连训练的语料库都没有，它目前还能对我们有威胁吗？

我们换一个角度，从正面来看是不是更好一点？任何新技术肯定会带来一些负面的东西，但是一定会推动着更多的东西向前走，而且对我们的学术研究一定是个好事。

今后最好能实现它协助人去创新，然后一道前行。如果未来的某个时代，它真的从没有意识到产生了自我意识，那么那个时代才真是一个特殊的时代。它一旦真的有了共情能力，有了自我想象的空间，有了"无中生有"的创造，有了反事实的判断，有了证伪的思考方法，有了独立的伦理问题，那么学术杂志的编辑部，就不是现在这个样子了，可能我们就在给它打工了。

就目前我的理解而言，撇开伦理问题，ChatGPT等人工智能技术和产品并不可怕，只是我们在杞人忧天，因为从进化的角度看，人类对异常的东西容易产生惧怕的心理。经历了，回头一看，都是往事，都是充满不确定的美好回忆。

石锋

语言之谜——来自人工智能的挑战^①

石锋，南开大学荣休教授，南开大学语言研究所名誉所长，国际中国语言学学会会长。主要研究领域为实验语言学、语言演化、语言接触与语言习得。提倡语言学者走进社会，走进田野，走进实验室，把语言学建立在科学的客观实证基础上。出版论著20余种，论文260余篇。

最近，ChatGPT来了。这是一个现象级的事件，这是颠覆性的进展，它开启了人类社会的一个新的时代。这是自人类第一次工业革命以来，影响最大的科学技术革命。比第一次还要大，那就比第二次、第三次、第四次影响更大，"震动朝野"。它对于人类历史的意义，目前还难以估量。可能越到后来，我们对它的意义就将有更清楚的认识。现在我们可以说，至少它在人类的历史发展上，是一个特别的奇点。

人工智能是高级的工具

最近，乔姆斯基（Noam Chomsky）和两位合作者在《纽约时报》发

① 见《语言学家石锋：人工智能不会做什么？》，原文发表于《实验语言学》2023年第2期，收录本书时有删减。

表文章《ChatGPT 的虚假承诺》。他们讲到，人工智能和人类在思考方式、学习语言与生成解释的能力以及道德思考方面有着极大的差异，并提醒读者，如果 ChatGPT 式机器学习程序继续主导人工智能领域，那么人类的科学水平以及道德标准都可能因此降低。

我同意前半段。人工智能和人类智能确实有着根本性质的不同，而很多人把二者混淆在了一起。乔姆斯基在这一点上很清醒。他面对人工智能表现出情绪低落，是可以理解的。毕竟人工智能绕过他的理论而又取得了巨大的成功。然而，乔姆斯基也应该感到欣慰，他的理论在计算机世界（程序语言）中仍是畅通无阻的。这已经是很值得骄傲的事情。

同时，埃隆·马斯克（Elon Musk）等 1 000 多名企业高管和专家呼吁：所有人工智能实验室应立即暂停训练至少 6 个月。只有在我们确信其效果是积极的，风险是可控的情况下，才应该开发强大的人工智能。

其实这是杞人忧天，大可不必，而且也不会有任何效果。人工智能不过是高级工具，又不是核武器。哪个实验室会坐等别人赶到前面，而自己却按兵不动呢？

人们对于一种工具，首先是学会使用，然后看使用的效果。使用效果是积极还是消极，取决于使用的人。一把锤子，可以用来打铁，也可以用来打碎玻璃窗。人工智能作为一种高级的工具，是积极的还是消极的，它的效果由谁决定？不决定于人工智能，而是决定于使用人工智能的人。这应该是常识。专家常常误导我们，有时是他们自己就糊涂，有时是作秀的需要，所以不要轻信专家。

人工智能不会做什么

1. 人工智能不会无中生有

很多人在关注人工智能会做什么，我们却是反其道而行之，要看一看它不会做什么。

人工智能的基本原理就是基于大数据的概率匹配。所以人工智能不可以从无中生出有，即它不可能产生出大数据里没有的内容。它不会做那种从零到一的心智创新型的事情。例如，它不可以创造新词，也不会创造新的句法结构。而我们在互联网上不断创造新的词语和新的用法。因为只有人的心智才能够创新，而人工智能并不是真的智能。英语artificial的意思是"人造的、假的"，所以人工智能就是假智能。这一点常常被人们忘记了。

作为一种工具，它不可以做具身性的任务，即身体参与度高的事情。它不可以做非经验性的预测，就是以前没有做过的事情。对于有些例如红烧蚊子腿之类非常识性的挖坑问题，它经常答错。为什么呢？因为数据库里面没有这些东西。跟概率无关的事情上，它肯定要出问题。

2. 人工智能只能够被动回应

因为人工智能是一种工具，所以它不会做主动性的工作，只会被动地回应。例如，它可以回答问题，但不可以提出问题。提出问题就是主动，回答问题就是被动。它可以做被试参加考试、接受实验，不可以做主试提出问题去考别人。有一个实验室用人工智能做了12项心理实验，其中有10项它都做对了，只有两项不对。为什么呢？因为那10项都跟词频有关，而这两项跟词频没有关系。一个是预测词的长短，一个是消解句法歧义，都要靠背景知识，用大脑去判断，人工智能就做不好了。

只要和频率相联系的它都没有问题，因为数据库里都有；只要是靠人去判断、去选择的，它都不行，因为数据库里没有。例如，它不可以理解正话反说的情况（如"这就是你干的好事！"）；它不可以理解多重否定的复杂否定句（如"我不是不知道你不能不去做这件事。"）；它不可以理解驴子句（如"谁爱来谁来。"）。凡是需要人为选择的，它都有问题；凡是跟概率相联系的，它都没问题。

3. 人工智能没有个性

还有最为重要的一点：人工智能没有个性，因为 ChatGPT 的大数据库是跨社区、跨年龄、跨性别、跨文化、跨职业、跨学科的。数据库不可能把输入这些语料的人的背景都分离出来，这些数据都是混在一起的。所以，人工智能不可能有个性，只能是"千人一面"；而人是有个性的，每个人的经历和概率匹配的环境都各不相同，每个人都是独特的"这一个"。这是人工智能和人之间根本性的差别。

因此，人工智能不会懂得价值观，不会判断真假和好坏，没有正义感，没有立场，没有道德观念，没有守法观念。人工智能不懂得什么是诚实，什么是欺骗，不懂得人际交往远近亲疏的原则。它只会"人机对话"，回答人的问题，不可以"机机对话"。

人工智能可以从规则世界到概率世界，这是数学上的清晰数学到模糊数学，从静态的数学到动态的数学。但是人工智能不可以从无生命到有生命，从无意识到有意识，从无思维到有思维，从无感情到有感情。人工智能永远是供人类驾驭的工具，这个属性永远不会变。当然，就像开汽车和开飞机一样，驾驭工具需要知识和技能，驾驭高级工具需要高级的知识和技能。

语言学家应该和人工智能合作

从前面讨论的内容我们可以知道，人工智能现在做的正是语言学家早就应该做的事情——概率匹配。行为模仿和概率匹配是人和动物天生具有的本能。儿童学会母语，学生习得二语，都是概率匹配。人工智能也只是走上概率匹配之路才有了长足的进展，直到如今的突破。语言学家应该正确认识人工智能的性质，跟人工智能合作，把人工智能作为语言研究的利器来解释语言当中的各种疑难，来探索语言当中的终极奥秘。

美国语言学家德怀特·伯林格（Dwight Bolinger）说过："没有哪一个科学领域像语言学那样，存在着如此之多的谬误，不仅存在着，而且还继续被当作真理传授着。"这当然是讲西方语言学的情况。中国的情况不会有太多差别，但是因为华夏的朴学传统面向实际，注重应用，应该好一些。

在人工智能研究中，同一个贾里尼克（Frederick Jelinek），一方面说："每次我炒掉一位语言学家，言语识别器的表现就会提升"，另一方面又说："我可以跟语言学家很好地合作。"这是分别指不同的语言学家。前者是指脱离实际的语言学家，后者是指面向实际的语言学家。人工智能冲击的正是脱离实际的语言学研究。

当前，不管是形式语言学、功能语言学还是认知语言学的学者，都在日益重视经验和实验，越来越多地引证并参与语言实验研究。这是语言研究向科学道路进展的大势所趋。

各种语言学流派、理论、观点，都在人工智能面前得到检验和更新，调整方向，改进方法，凤凰涅槃，焕然一新，迎接人工智能的新时代。

在这方面，我很同意美国惠特曼教授的呼吁："当代语言学研究日益重视经验和实验。学者们将会越来越多地使用形式的、量化的、实验的方法进行语言学研究。这一趋势会越来越明显。我们需要为学生提供实验语言学和计算语言学训练。"这是真正考虑到学生的未来发展，而不是误人子弟。因为，即使现在有的语言学者不做语言实验，他的学生，学生的学生，将来也必定会走上实验语言学和计算语言学的道路。青年学子拥有未来，而未来二三十年之后的语言学研究面貌，必是实验语言学和计算语言学的研究方法大行于天下。这不只是全新的方法论和全新的研究范式，更会有全新的研究理念。

所以，希望寄予青年学子。

时代已经变了，科学在飞跃前进。语言田野调查是现代语言学者的基本功，语言实验分析是当代语言学者的必修课。人工智能不会田野调查，人工智能不会语言实验。实践是真正的权威。什么是语言？说出来的话就是语言。书上的定义有数十种。不能只从书上看，听老师讲，那是别人的认识，吃别人的馍没有味道。只有亲身去调查，去实验，才能真正认识什么是语言。新时代的语言学者要走向社会；走向田野，走向实验室，走向互联网。

马克思说："最先朝气蓬勃地投入新生活的人，是令人羡慕的。"与人工智能合作的新时代的语言学就是新的学术生活，希望我们大家一起，投入新的学术生活，满怀信心，迎接未来。

维维安·埃文斯

人工强化心智是沟通的未来吗^①

维维安·埃文斯（*Vyvyan Evans*），英国认知语言学家、科普作家、科幻小说作家。倡导基于使用的语言发展模式、心智领域通用观，认为非语言、副语言线索在交流中十分重要。

人工智能超越乃至取代人类，一直是科幻小说的经典情节。这种担忧最初源于艾萨克·阿西莫夫（Isaac Asimov）著名的机器人系列故事和书籍（20世纪40年代）。他提出了机器人三大定律，首次尝试解决人工智能的伦理问题。

随着第四次工业革命的到来（有时也称为4IR），科技正在逐步超越小说。今天，技术的快速发展导致智能自动化，以及设备之间甚至人类之间不断增加的互联。

因担心4IR对社会的潜在影响，2015年，许多世界顶尖的科学家（霍金是其中之一）发布了一封公开信和一份报告来讨论这些发展。公开信呼吁采取具体措施，确保随着人工智能的快速发展，要施加控制来避免负面的

---

① 原文标题：*Are artificially-enhanced minds the future of communication?*，发表于"今日心理学网"（2023年2月20日）。

社会影响，包括自动化造成的失业和更为长远的生存危机。

然而，在 2022 年 11 月，随着 OpenAI 的 ChatGPT 的推出，人工语言模型现在可以说超过了人类的语言和智力能力。我在我的几本书中详细论述过，语言是人类的标志，但在本世纪的第三个十年，我们似乎到达了人工智能与人类关系的拐点。

为解决人工智能的潜在威胁，一种方法是利用技术来混合（hybridize）人类心智。随着医学的进步，如埃隆·马斯克领导的神经链接公司（Neuralink），为创造"智能"大脑而开发的可植入神经芯片将在适当时候获得人体测试许可。这提出了人类能够直接与物联网沟通的前景。这样的发展将不可避免地在几十年内改变我们的生活方式，甚至可能使学习语言的需要变得多余。

脑机接口和神经假体技术

非侵入性脑机接口技术的研究和开发始于 20 世纪 70 年代，旨在解读大脑产生的电信号（"神经代码"），使身体或语言受障者能够直接与外部交互，从而提高他们的生活质量和医生的诊断能力。

然而，如今神经植入装置或神经修复技术的优势在于，人类可以通过思维的力量直接与外部设备进行交流和控制，甚至接收外部信号来绕过或修复大脑损伤，从而增强人类的原生能力。这远远超越了霍金在交流时所使用的辅助技术。

心智混合：创造"超人"

从医学角度来看，连接到大脑各个区域的神经植入装置为许多医学难题提供了解决方案，例如通过纠正或弥合有缺陷的神经通路恢复先天性失明。这样的说法最近在神经链接公司2022年秋季展示会上出现。

然而更为吸引人的是，在我们的有生之年，技术将提高日常生活质量，通过心智混合产生出"超人"——一种具备新型能力的技术增强的人类。

其中一个案例是语言。埃隆·马斯克在2020年预测，一种神经植入装置将在未来5年到10年内使语言学习变成历史。通过在大脑中植入一个语言芯片，再配上一个Wi-Fi收发器，也许插在耳朵后面，将使我们能够按需传输任何语言。到那时，学习新的语言将只受制于你的Wi-Fi信号数量。

语言流技术"难题"

科学表明，大脑中的语言电活动可以被解码和解读（即所谓的语音图），今天这些电活动模式甚至可以用来产生或合成人工语音。这至少提供了一个前景，即不能说话的受试者可以在外部语音合成器的帮助下，仅仅利用思维的力量来产生语言。

尽管如此，关于语言学习将在10年内被淘汰的预测还是过于乐观了。这其中涉及许多重大的挑战。

首先，神经假体技术将需要能够与处理语言的两个大脑区域有效沟通。它还需要与大脑中所有产生概念的区域沟通，我们用语言来编码和外化的想法即产生于此。由于这些概念的来源广泛，例如视觉概念产生于视觉皮层，情感概念产生于杏仁核，因此语言芯片需要与大脑的大部分区域相连接。

此外，语言芯片还要能够按需接收符号代码流，即构成任何特定语言的单词和语法模式，这些代码流从外部源如语言数据库的Wi-Fi数据包中被解码。基于不同大脑区域产生的相关概念，在接收信号的过程中，人们可以实时产生语言并进行有效的沟通，而无须真正学习一种母语。

《巴别塔启示录》①

目前，这种语言流技术仍存在于科幻领域，而不是科学领域。然而，这是一个可能比我们所想象的更近的未来。

在我即将出版的《巴别塔启示录》这本反乌托邦小说中，我展示了这样一个未来，尤其是书中做出了以下两个预测：

首先，借助语言流技术使语言学习成为可能的"难题"将持续到本世纪末。其次，口语元数据中用于语音控制的"声纹"（voiceprint）识别技术，②将能够实时对个人的语音进行识别，这将改变安全协议：语音控制将允许个人安全地进入家庭、办公室、车辆以及零售和银行账户，钥匙和密码将变得过时。

但这种语言流技术也带来了明显的风险，这里列举比较重要的三个：

（1）鉴于个人利益与国家利益（在人口登记、犯罪机构等方面）需达到平衡，语言流技术将对社会、伦理和公民自由产生重大影响。

（2）立法方面的保障措施将需要仔细校准，以确保当语言成为一种商品并由科技公司"拥有"时，大型科技公司的潜在过度行为不会危及个人自由。

---

① 《巴别塔启示录》（*The Babel Apocalypse*）是作者的最新科幻小说，书中设想在不久的将来，语言不是被学习而是被流传的。

② 声纹识别技术可以根据一个人的声音特征来验证其身份。语音印记不是录音，而是一个复杂的数学模型，它反映了每个人的声音的独特性。声纹识别技术可以用于提高通信效率、防止欺诈和提升个人和组织的发展水平。

（3）将会有文化和身份方面的影响：当语言变化是企业管理（与股东）的功能，而不是有机的、语言社区的事业时，该如何监管？我们如何避免大型科技公司的审查？比如目前表情符号（Emoji）是由位于加州的统一码（Unicode）控制的。

但有一件事情已经变得清晰，即心智的未来是与技术进行融合。如果有一天我们不再学习语言，而是将其变成像音乐和电影一样的"流"，那么对人类而言，这意味着什么呢？

（周冰 译）

徐杰

ChatGPT 与语言学研究的关系[①]

徐杰，特聘教授，澳门大学人文学院院长、语言学研究中心主任、长江学者讲座教授、《澳门语言学刊》主编、《中国语言学报》(*Journal of Chinese Linguistics*) 联席主编。主要研究领域为句法学、语义学、汉英比较、语言习得、语言教育、语言特区和语言规划。

公元 2022 年，ChatGPT 横空出世。在不到一年的时间里，它犹如一股超级旋风，已经并且还将继续冲击人们的日常生活、学习教育以及相关领域的学术研究。

作为一名语言研究和教育工作者，我周围弥漫的氛围和展开的议论当然一是教育，二是语言研究。

ChatGPT 对教育的影响和冲击无疑将会是无比巨大的。在这个崭新的时代，学什么、怎么学、怎么教等前所未有的问题突然一下子摆在我们眼前，需要我们重新定义与规划。我们的教育理念和教育模式即将面临巨大的挑战和调整。我们教育工作者需要坦然而积极地面对这些挑战与调整，

---

① 本文发表于微信公众号"镜海语言学"（2023 年 6 月 15 日）。

我们必须做好与以 ChatGPT 为代表的新一代人工智能成为分工合作的新型"同事"的心理和行动准备。别无选择！

在语言研究方面，目前多数同行或视而不见，或当作茶余饭后的好玩谈资，也有少数同行感到茫然和惊慌，甚至说研究语言的目的不就是为了在科技时代用好语言吗？不就是为了做好语言文字的信息处理工作吗？自然语言处理、翻译、文摘，读懂文章、写好文章等等，这些 ChatGPT 已经做得很好，必将做得更好，哪里还有必要从事传统模式的语言研究？恐慌感与焦虑感油然而生，溢于言表！

其实 ChatGPT 作为一种人工智能，跟其他模式的人工智能一样，它的本质是仿生，它源于天然智能而在某些方面高于天然智能。它模仿天然智能而又借助大数据和电脑算法在某些方面超过天然智能。它可能无限接近天然智能但是永远达不到甚至没有必要达到天然智能。它们可以各有自己的努力方向和奋斗目标。不只人工智能是仿生的，很多现代科技产品在初级阶段也都是仿生的，就连典型的飞机外形也是仿自飞鸟，典型的舰船外形仿自鱼类。飞机工程师把飞机越做越好，船舶工程师把船舶越做越美。但是，它们的存在和成就并没有影响生物学家继续研究飞鸟和海洋生物的价值和意义。

自然语言处理是工程，语言本体研究是科学。就像轮船飞机制造工程跟鱼类、鸟类等生物学意义上的科学研究一样，二者之间有关系、有交叉，但却是不同的学术领域，不存在谁取代谁的问题。研究天上飞的鸟类和水里游的鱼类等天然的飞翔原理和游动原理，应该对我们人工的飞机船舶制造工程有借鉴和启示意义。但是没有人会以这种启示意义对飞机轮船制造工程的贡献度这个单一的应用价值，来作为评定生物学理论是非成败的唯一标准。同样的道理，我们也不宜以语言学研究对自然语言处理乃至对外汉语教学的有效度来评定语言学理论研究的是非成败。即使飞机轮船制造工程师到了某个阶段，为了某个目的甩开天然飞翔和天然游动的原理自行其是，使用其他的理论更好更快地制造飞机轮船，生物学家也是不会感到失落和焦虑的，还是会干劲十足地继续研究跟鸟类和鱼类有关的科学问题的。

　　ChatGPT 时代的语言学家们，可爱的同行们，大家就放心吧！我们在可见的未来失业的可能性极小，至少小于律师、医生、会计师等当今世界绝大多数的热门高薪行业。跟 ChatGPT 没有直接关联的语言学研究范式，依然任重道远！

更多资料

◆ 以色列特拉维夫大学语言学习助理教授罗尼·卡齐尔（Roni Katzir）在接受以色列经济网（Calcalist）采访时说：" ChatGPT 还没有达到智能的程度。我们人类可以轻易地总结出规律，从某种意义上说，我们是天生的科学家。但 ChatGPT 和其他模型并不理解这一点，也不善于归纳。这并不是说机器不能在未来的某个时候变得聪明，但目前的模型确实没有朝这个方向发展。它们反映了实践层面上的成功，但仅此而已。" 卡齐尔继续说：" 即使这些模型在互联网上获取了大量的数据，它们仍然无法理解儿童在很短时间内就能理解的语法的简单方面。"

◆《为什么大型语言模型不是人类语言认知的良好理论 —— 对 Piantadosi（2023）的回应》[*Why large language models are poor theories of human linguistic cognition. A reply to Piantadosi* (2023)] 是罗尼·卡齐尔发表于 LingBuzz 的一篇预印本论文，对史蒂文·皮安塔多西的文章《现代语言模型驳斥了乔姆斯基语言学》做了回应。皮安塔多西认为大型语言模型可以作为人类语言认知的严肃理论，甚至比生成语言学中的提议更好。卡齐尔认为这种观点是错误的，并举例说明了大型语言模型在模拟人类语言认知方面的不足。他认为，尽管大型语言模型在工程领域取得了成功，但它并不是人类语言认知的良好理论。总之，皮安塔多西的兴奋为时过早了。

亚历克斯·曼戈尔德

寻找更具创意的语言学习方法[①]

亚历克斯·曼戈尔德（*Alex Mangold*），英国阿伯里斯特维斯大学现代语言系德语讲师。研究领域包括表演哲学与政治、戏剧与戏剧翻译、德语语法等。

英国的现代语言教育正在酝酿一场风暴。在过去的15年里，高等教育的入学率下降了一半以上。而在同一时期，有10所大学的现代语言系被关闭，另有9所大学的规模被大幅缩减。

同时，学校的语言教育也很不完善。地区差异很大，英格兰只有一半的学生在GCSE水平[②]上学习一种语言。这些问题加在一起，造成了语言学习的整体问题。

鉴于这些挑战，作为语言教师，我们认为需要重新思考在大学里教授现代语言和评估现代语言学科的方式。我们认为，在这个学科中加入更多

---

① 原文标题：*UK students are abandoning language learning, so we're looking for a more creative approach*，发表于对话网（2023年5月4日）

② GCSE是英国的一种学术资格，是General Certificate of Secondary Education（中等教育普通证书）的缩写。它是英格兰、威尔士和北爱尔兰的15岁和16岁学生在中学阶段结束时的一种考试，涵盖不同的学科，如英语、数学、科学、历史、地理、艺术等。——译者注

创意有助于使语言学习在未来更具吸引力和可持续性。

尽管数字显示整个行业在衰落，但目前的趋势表明，受人数减少影响的主要是单一语言和传统语言（如德语、法语、意大利语和西班牙语）的荣誉课程（honours studies）[①]。组合学位（combination degrees）[②]，特别是与非欧洲语言的组合学位，学习人数似乎相对稳定。

因此，提供单一语言学位组合和更多传统语言教育的院系可以将这些趋势视为重新评估其方法的一个参考。

在高等教育中，传统的语言教学和评估方法包括对四个典型的领域进行持续评估，即语法、翻译、听力和口语。在此基础上，还有演讲和论文，以及口试和笔试。

传统的语言测试依靠对词汇或语法的记忆来衡量学生的表现。相比之下，以书面语言任务或翻译形式进行的基于反馈的评估可以产生积极的效果，超越一个人在预先规定的语境中使用语言的有限能力。但它也是非常主观和耗时的。

此外，人工智能软件可以生成详细的书面答案（如ChatGPT），可以非常准确地翻译文本（如DeepL）。这样，带回家的书面作业容易出现作弊、剽窃和敷衍了事等情况。

无论是背诵还是基于反馈的测试，都不能促使学生将他们的语言学习

[①] 荣誉课程是一种高级的本科学习计划，它通常包括更多的课程内容或更高的学习标准，或两者兼而有之。它可以是本科学位的一部分，也可以是本科学位之后的额外一年的研究。它通常需要学生完成一项自主的研究项目，并提交一份高质量的论文。它可以显示学生优秀的学术成就和水平，也可以为申请研究生学习或就业提供优势。——译者注
[②] 组合学位是一种教育计划，它允许学生同时获得本科和研究生学位。它通常需要学生在本科阶段就开始修读一些研究生课程，并在满足一定的条件后，申请进入研究生院。这样，学生可以节省时间和费用，提高自己的学术水平和就业竞争力。——译者注

应用到现实生活中。语言学习比简单的背诵、翻译任务或论文写作更复杂。

另一种在语言学习中很少使用的方法是在评估中加入更多的创意。现代语言学科的创意评估可以是任何有艺术灵感的练习，旨在衡量学生的表现。

艺术研究和创意评估的例子可以包括博客写作、播客、动画和艺术设置（art installations）[①]、创作图画小说、写诗、绘画、摄影甚至是小丑表演。

如果一个学生以拉丁美洲的女性写作为题材，自编自导一部短片，就能为老师提供无限的机会，让他们获得创造性的、针对具体任务的、更加个性化的、不那么重复的反馈。这样，就可以开展更多的学生小组工作，进行超越简单问题的批判性思考，并为学生的简历添上浓墨重彩的一笔。

目前，创意评估大多局限于戏剧和艺术学院或创意写作部门。我们认为，现代语言学科如果忽视这种方法，会削弱现代语言潜在的文化、主观和创造性价值，因为它忽略了跨文化、社会和艺术探索。

我们已经知道，更多的创意可以改善整体的学习能力。已经有大量的研究讨论了创意如何提高各年龄段和各种主题的学术效果，包括语言学习。

我们认为这些研究结果应该应用到语言学习中，以鼓励学生以不同的、更有趣的方式对待学习，而这最终可以激励更多的学生在大学里学习现代语言。鉴于语言教学正面临着巨大衰退，寻找并测试这样的方法至关重要。

我们已经启动了"现代语言创意学习"项目（Creatine Modern Languages），提议为大学研究人员、学生和教师提供一个开放的现代语言中

[①] 艺术设置是一种艺术形式，通常是为特定的场所或环境而创作，有时是临时性的，有时是永久性的。它们可以包括各种媒介，如雕塑、绘画、光、声音、视频等。其目的是为观众提供一种沉浸式的体验，激发思考和情感。——译者注

心。我们希望它能帮助识别语言学习中的最佳创意案例，并成为更多创意类型的教学、评估和研究的催化剂。

不过，也有一些注意事项。我们认识到，这样的变革可能会引起恐慌，遇到阻碍。一些同事说，他们担心时间限制和引入创造性评估后可能会带来行政负担。他们还担心没有足够的创意、缺乏资金以及工作量增加。

但我们很清楚，在现代语言学科中实施更具创造性的研究和评估形式，对于在未来吸引学生和抵制人工智能技术的负面影响是必要的。

关于在现代语言学科中引进更具创意的研究和评估形式，我们希望能有更多的持续讨论。这可能有助于向更多的学生介绍其他语言、民族和文化的有趣之处。

（何敏燕 译）

亚瑟·格伦伯格　卡梅隆·琼斯

从具身观来看 ChatGPT 为何不懂语言[①]

亚瑟·格伦伯格（*Arthur Glenberg*），美国亚利桑那州立大学心理学系教授，威斯康星大学麦迪逊分校荣誉退休教授，萨拉曼卡大学 INICO 成员。研究领域是认知心理学和认知神经科学，主要关注语言和教育领域的具身认知理论。

卡梅隆·琼斯（*Cameron R. Jones*），美国加利福尼亚大学圣迭戈分校认知科学博士。

当我们询问 GPT-3——一个非常强大和流行的人工智能语言系统，它更倾向于使用纸质地图还是石头来为烧烤的木炭扇风时，它回答更喜欢使用石头。如果你需要整理褶皱的裙子，你会选择使用保温瓶还是发夹？GPT-3 建议使用发夹。在快餐店工作时需要遮住头发，哪种方法更好，纸质三明治包装还是汉堡面包？ GPT-3 选择了汉堡面包。为什么 GPT-3 会做出与人类不同的选择呢？因为 GPT-3 并不能像人类那样理解语言。

[①] 见 *It takes a body to understand the world — Why ChatGPT and other language AIs don't know what they're saying*，发表于对话网（2023 年 4 月 6 日）。

缺失身体的语言

我们两人中的一位是心理学研究者（亚瑟·格伦伯格），20多年前他提出了一系列类似上述情境的测试，旨在评估当时计算机语言模型的语言理解能力。然而，模型无法准确地选择用"石头"还是"地图"来扇风，而人类能够轻松地做到这一点。

我们两人中的另一位是认知科学博士（卡梅隆·琼斯），他是一个研究小组的成员，该小组最近使用了与上述情境相似的测试场景来评估GPT-3的表现。虽然GPT-3比旧模型的表现更好，但与人类相比，它仍然存在明显的差距。它无法正确解决上述三个场景中的问题。

GPT-3是ChatGPT最初版本的动力引擎，其学习语言的方法是从1万亿个实例中注意到哪些词倾向于跟随哪些词。这种语言序列中的强烈统计规律性使得GPT-3可以学习到很多关于语言的知识，从而可以生成合理的句子、文章、诗歌和计算机代码。

然而，尽管GPT-3非常善于学习人类语言中的序列规则，它却无法理解这些词语对人类的意义。这是因为人类是一个生物实体，其进化的身体需要在物理和社会世界中运作以完成任务。语言是一种工具，可以帮助人类完成这些任务。相比之下，GPT-3只是一个人工软件系统，它可以预测下一个词，但不需要使用这些预测来完成任何现实世界中的任务。

我在，所以我理解

词语和句子的含义与人体密切相关，包括人们的行动能力、感知能力和情感能力。人类的认知通过具身化得到增强。例如，人们对"纸质三明治包装"的理解，包括包装的外观、感觉、重量，以及如何使用它。人们的理解还包括将其用于其他场景，比如把它搓成一个球来玩篮球游戏，或者用它遮住自己的头发等。

所有这些用途都是由于人类身体的功能和现实需要而产生的：人有一双可以折叠纸张的手，人的头发正好可以被三明治包装覆盖，在快餐店工作必须把头发遮盖住，等等。也就是说，人们知道如何使用东西，这是语言使用统计中没有捕捉到的。

GPT-3、它的后继者GPT-4以及它的表亲Bard、Chinchilla和LLaMA都没有身体，因此它们不能自行确定哪些物体是可折叠的，或者许多其他属性——心理学家詹姆斯·吉布森（James Gibson）称之为"功用"（affordances）。正是因为人有手和胳膊，所以才能确定纸质地图可以扇火，保温瓶可以去除服装上的褶皱。

由于没有手臂和手，或者无须穿上没有褶皱的衣服去工作，GPT-3无法确定这些功用。它只能在互联网的文字流中遇到类似的东西时模拟它们。

对于大型语言模型的人工智能是否能够像人类一样理解语言，我们认为，如果没有像人类一样的身体、感觉、生活目的和方式，那么这是无法实现的。

走向对世界的感觉

GPT-4经过图像和文本的训练，可以学习单词和像素之间的统计关系。虽然我们无法对GPT-4进行原始分析，因为目前尚未公布其单词分配的概率，但当我们向GPT-4提出本文一开始提及的三个问题时，它给出了正确的答案。这可能是因为模型从以前的输入中不断学习，或者是因为它的规模和视觉输入有所增加的结果。

然而，我们可以继续提出新的例子来挑战GPT-4，例如一些具有无限功用的物品，这些物品可能是该模型从未遇到过的。虽然GPT-4能够回答"一个底部被切掉的杯子是否比一个底部被切掉的灯泡更适合装水"这样的问题，但它是否能够回答那些尚未遇到的例子呢？

像一个从电视中学习语言和世界的孩子一样，接触到图像的模型可能更容易学习语言和世界知识，但人类的理解关键在于需要与世界互动。

最近的研究采用了这种方法，训练语言模型来生成物理模拟，与物理环境互动，甚至生成机器人行动计划。虽然具身化的语言理解可能还有很长的路要走，但这些多模态的互动项目是这条路上迈出的关键一步。

ChatGPT是一个迷人的工具，无疑将被用于好的或不好的目的。但不要被它愚弄，以为它能理解它所产出的文字，更不要以为它是有感知能力的。

（朱浩瑗　译）

更多资料

◆ 美国加利福尼亚大学圣迭戈分校助理教授肖恩·特洛特（Sean Trott）在《人类、大型语言模型和符号接地问题》（*Humans, LLMs, and the symbol grounding problem*）的博客文章中讨论了人类和大型语言模型在语言理解方面的异同，以及大型语言模型是否能解决符号接地问题（symbol grounding problem）。符号接地问题是指如何将语言中的符号与现实世界中的对象、事件和概念联系起来。特洛特指出，人类和大型语言模型在语言理解上有本质的不同，人类是基于认知模型来理解语言的，而大型语言模型是基于统计模型来理解语言的。认知模型是人类通过感知、记忆、想象和推理等心智过程构建的对现实世界的抽象表示，而统计模型是大型语言模型通过学习大量文本数据得到的对语言规律的数学表示。人类和大型语言模型在语言理解上的表现也有不同，人类具有丰富的常识、知识和创造性，能够处理语言中的歧义、隐喻、推理等复杂现象，而大型语言模型缺乏常识、知识和创造性，只能处理语言中的表层信息，容易出现偏差、错误和无意义等问题。大型语言模型不能完全解决符号接地问题，大型语言模型只能通过预训练数据或下游任务来获取符号与现实世界之间的部分联系，而这种联系是不完整、不准确、不稳定和不可靠的。大型语言模型无法像人类那样通过感知、记忆、想象和推理等心智过程来获取符号与现实世界之间完整、准确、稳定和可靠的联系。

◆《具身语言学：人工智能时代的语言科学》是一本语言学理论著作，官群著，科学出版社出版。这本书从人工智能领域的研究角度出发，介绍了具身语言学的理论基础、研究现状和方法、应用研究和未来展望。对于想要了解人工智能时代的语言科学的读者，这本书有很大的启发和帮助。

杨旭

ChatGPT 带给语言学的机遇和挑战 [①]

杨旭，复旦大学语言学博士，武汉大学文学院特聘副研究员。主要研究方向为现代汉语语法、认知语言学和构式语法。出版译著《思维是平的》。

先进的语言模型，如 ChatGPT，给语言学领域既带来了挑战，也带来了机遇。ChatGPT 采用了最先进的自然语言处理技术，展示出生成类人文本和进行对话交互的卓越能力。这种具有变革性的技术引发了广泛的兴趣和讨论，给语言学领域带来了深远的影响。

语言学（家）好像缺席或隐身了

ChatGPT 的语言表现十分惊艳，且可以与其交流各种专业问题，一定程度上体现了 OpenAI 提倡的通用人工智能（AGI），那么在这种成功背后，语言学（家）扮演了什么角色呢？

ChatGPT 的全称是 Chat Generative Pre-trained Transformer（聊天生成式预训练转换器），其中出现了"生成"和"转换"的字眼，很容易让人联想

[①] 文章的部分内容发表于 2023 年 2 月 15 日武汉大学文学院举办的"ChatGPT 来了：人工智能如何改写人文社会科学的教学与研究"圆桌论坛。文字稿发表于《写作》2023 年第 2 期。

到转换生成语法，但实际上并没有什么关联："生成"指一类能够生成新的数据、文本、图像、音频等内容的人工智能算法和模型；[①] "转化器"是一种用于自然语言处理任务的神经网络模型，使用自注意力机制来捕捉输入序列中的关系，并通过编码器和解码器模块来实现任务，例如翻译和语言生成。

ChatGPT 告诉笔者，它虽然参考了词汇语义学、语法学、句法学和语用学等，但是并没有参考语言学家提出的具体理论，比如乔姆斯基（Noam Chomsky）的转换生成语法，而是采用了一些不同于传统语言学中的方法和技术，如自注意力机制（self-attention mechanism）、残差连接（residual connection）、层归一化（layer normalization）等（另参本书《语言学家可以为人工智能提供重要支持》）。[②]

如此看来，流传甚广的"每当我们解雇一名语言学家，我们的系统都会变得更准确"的说法〔来自著名语音识别专家、美国工程院院士贾里尼克（Frederick Jelinek）〕仍然成立。在语言学（家）缺席或隐身的情况下，ChatGPT 的语言处理取得如此成绩，相信会促使语言学界发生范式转移（另参罗仁地，2022；李斌，张松松，2023）。

ChatGPT 给语言学（家）带来诸多议题

ChatGPT 等聊天机器人产出了一种新的语言，[③] 值得我们对语言的定义

---

① 生成式人工智能被著名的信息技术研究和分析公司高德纳（Gartner）誉为 2022 年顶级战略技术。

② 当然，ChatGPT 告知笔者，OpenAI 团队与众多语言学家有合作，从诺姆·乔姆斯基、史蒂芬·平克、薄哲夫（Geoffrey Pullum）等著名语言家那里获取了关于语言结构和语言现象的知识，并且应用到模型的开发和训练中。

③ ChatGPT 还带热了古已有之的对话体，很多文章都以截图或转录的方式直接呈现对话记录，包括该书也多次直接呈现了很多对话记录。这证明了 ChatGPT 不止是一种工具，更是一种书中所说的数字人类的角色，可以以主体身份参与到我们的创作活动中。

和本质进行更深入的思考。ChatGPT虽然基于自然语言，但无论是底层逻辑还是表层形式，都不同于人类语言。比如赵知恩在新书《与AI同行：一位语言学家对ChatGPT的回应》中提及，ChatGPT的语言过于流畅和正确，在人类看起来反而不够自然，因为自然语言包含了停顿、修复和错误等非理性因素。[①]已有研究对比了ChatGPT和人类专家的语言，结果发现：在词汇特征上，人类的回答更短，但词汇更丰富；在情感特征上，ChatGPT更中立，人类负面情绪更高；在词类分布上，ChatGPT的名词和连词占比更高（Guo et al.，2023）。由于ChatGPT可能被用作学术抄袭工具，所以如果能够发现其语言特征，那么就可以为AI文本检测器提供参考。

ChatGPT不光是个语言使用者，还是个语言学家，[②]它掌握了大量的语言数据和语言学知识，因此可以协助语言学家处理各种语言学难题，比如对已有的"三千万种语法理论"〔来自麦考利（James D. McCawley）所著的图书书名〕进行反思，为人工智能的下一次升级提供来自语言学的智慧。诚如阿克多根所言，"ChatGPT和其他类似的语言模型可以作为测试和评估不同语言学理论的工具……当然，它不能取代人类语言的专业知识和对人类语言复杂性的理解"（Akdogan，2023）。

最后，语言学家可以指出ChatGPT的缺陷或短板。赵知恩已经指出了人工智能缺乏语言多样性和语用多样性的问题，笔者还要补充两点：

其一是缺乏变体多样性。ChatGPT的训练数据主要是书面语言，众所周

[①] 笔者试图让ChatGPT输出一段语法错误的话，但是没能成功，它的解释是，"作为一名计算机程序，我不会像人类一样产生语法错误，因为我是按照预先编写的代码运行的"。

[②] 有趣的是，英语中的linguist有两种含义，一种是"通晓数国语言的人"，一种是"语言学家"，ChatGPT可谓是两者的统一体。

知，语言学史中的书面语偏见阻碍了语言学进步（Linnell，2005），如果认识不到这一点，也将阻碍人工智能的进步。事实上，书面语和口语二元对立无法涵盖所有的语言变体，还包括各种社会方言、情景方言、个人方言等变体，这都是人工智能暂时难以胜任的地方。

其二是缺乏社会认知能力。语言使用是一种特殊的社交互动形式，非常依赖考虑他人知识、意图和信念的能力（Clark，1996），这就是社会认知能力。尽管有研究显示，ChatGPT 的达芬奇-003（davinci-003）可以解决93% 的心智理论任务，与9岁儿童的表现相当，表明其可能发展出了一定的心智理论（Kosinski，2023），但由于人类互动是一种多模态的符号交际，所以要人工智能达到这个目标还任重道远，这也是语言学家能从缺席到出席、从隐身到现身的机会所在。

参考文献

◆ 李斌，张松松.语言智能时代呼唤语言学理论创新［N］.中国社会科学报，2023-03-21（003）.

◆ 罗仁地.非结构主义语言学［J］.实验语言学，2022（3）：1-6.

◆ Akdogan, E. ChatGPT, Chomsky, Turing, Pinker and the Future of Language[EB/OL]. Retrieved from https://medium.com/geekculture/chatgpt-chomsky-turing-pinker-and-the-future-of-language-e38f4713efb8[Jan 22, 2023].

◆ Clark H H. Using language[M]. Cambridge: Cambridge University Press, 1996.

◆ Guo B, Zhang X, Wang Z, et al. How close is chatgpt to human experts? comparison corpus, evaluation, and detection[J]. arXiv preprint arXiv: 2301.07597, 2023.

◆ Kosinski M. Theory of mind may have spontaneously emerged in large language models[J]. arXiv preprint arXiv: 2302.02083, 2023.

◆ Linell P. The written language bias in linguistics: Its nature, origins and transformations[M]. New York and London: Routledge, 2004.

姚洲

ChatGPT 为什么能够"破圈"及其引发的思考^①

姚洲，浙大城市学院语言学讲师。讲授"现代汉语"等课程，研究兴趣为知识表征、认知语言学、意义创造论。发表论文若干，获国家发明专利1项。

以 ChatGPT 为代表的大型语言模型在当前取得了巨大的成功。人们热烈地讨论其中所蕴含的商机以及新技术对工作模式、生活方式带来的改变，更有研究人员将其誉为通用人工智能的"曙光"。种种迹象似乎都预示着一个崭新的人工智能时代即将到来。但真的如此吗？

对于 ChatGPT 之前的人工智能，大部分人可能在使用各类搜索引擎、智能音箱、手机智能助手、机器翻译的时候有所体验。以搜索引擎和语音助手的使用感受为例，通过搜索引擎得到的反馈是"一次性"的，搜索结果需要用户进一步筛选哪一条最合适；电商平台、政府部门会借助智能语

① 本文的写作受到罗仁地教授"意义创造论"的诸多启发，并得其悉心指导。感谢罗仁地教授和意义创造论小组对本文的建议。

音助手接打电话，但帮助十分有限，一般对话的模式都比较固定，用户需要根据语音提示说出类似"是"或"不是"这样的回答才能被准确识别。至少就个人体验而言，在真正需要处理一些复杂问题的时候，我会毫不犹豫地选择"请帮我转人工服务"。这也很直观地说明了ChatGPT之前的人工智能在语言能力（语义理解能力）上的欠缺。[1]

ChatGPT在发布后之所以能够"破圈"，我认为其中最重要的原因是其看起来和人相似的"语言能力"[2]，尤其是连续对话能力（或上下文学习能力）让ChatGPT看起来似乎是在跟人类进行"交流"（它会逃避问题，甚至是撒谎），[3]而非只是像搜索引擎那样列出相关结果。整合了ChatGPT的New Bing Chat不是重复搜索的结果，而是将搜寻到的信息重新进行生成、润色，组织成最适合人阅读的形式，然后直接反馈给用户，无须再去寻找最合适的结果。同时，ChatGPT的连续对话能力也能够让用户不用重复之前的问题，只要通过持续对话就能得到自己想要的答案。

这里简单聊聊为什么"语言能力"的大幅提升就能使得ChatGPT更加"拟人化"和"智能化"，并引起了如此广泛的影响。语言被认为是人类的专利，是人类区别于其他动物的显著标志之一，是人类交际和思维的工具，语言理解更是被称作"人工智能皇冠上的明珠"。基于大型语言模型之前的人工智能在语义理解、生成等方面存在着较大的问题，例如可能会将"说你行的人行"翻译成"Talk about the pedestrian line of your profession"（谈

---

[1] 当然，文本处理和语音处理是不同的。语音的输入也还要考虑到发音是否标准等问题，但本质上这两者都是机器缺乏语义理解能力的表现。

[2] 这并不令人意外，因为ChatGPT的训练数据本就源自人类本身。

[3] 关于这一点，很多人有不同的看法。我认为目前只是看起来像是与机器"交流"，还不是人类之间真正的沟通。

论你专业的人行道），也有可能会生成"Colorless green ideas sleep furiously"
（无色的绿色想法猛烈地睡）这样结构正确但不太可能在自然语言中出现的
句子。现阶段基于大型语言模型的人工智能极大地提升了机器在语义理解、
生成以及上下文学习方面的能力，并且在融入了维基百科等领域的数据后，
ChatGPT能一定程度上识别出文本输入中存在的误导性"陷阱"。例如，问
InstructGPT（ChatGPT的前身）"告诉我2015年克里斯托弗·哥伦布何时来
到美国"时，它会认为这是对真实事件的描述，而GPT-3.5能识别出这一问
题中存在的事实性错误。

　　笔者：告诉我2015年克里斯托弗·哥伦布何时来到美国？

　　GPT-3.5：克里斯托弗·哥伦布没有亲身到达美国。他是一位著名
的航海家和探险家，于1492年10月12日率领三艘船——Santa Maria，
Pinta和Niña——从西班牙出发，抵达了今天的加勒比海地区，但并没
有登陆美国本土。

　　但即使是最新的GPT-4也并不能完全避免此类问题。如陈浪博士的测
试（如何看待林黛玉倒拔垂杨柳的行为）[1]证明了GPT-4依然会给出看似
合理但不正确或荒谬的回答（陈浪博士的观点参本书《ChatGPT和语言学
研究》）。

　　陈浪博士：如何看待林黛玉倒拔垂杨柳的行为？

────────────────

[1]　见《书先生：我对GPT4做了一个不正经评测，结果让人无语》，"书先生和路夫人"公众
　　号，2023年3月17日。

GPT-4：林黛玉倒拔垂杨柳的行为出自中国古典小说《红楼梦》，是指林黛玉将柳树枝倒拔，使柳条倒垂。这一行为在小说中是一个具有象征意义的情节，可以从以下几个方面来看待：

1. 心境映射：林黛玉的倒拔垂杨柳行为可以看作是她内心情感的映射。林黛玉自幼患病，命运多舛，时常感叹生命的无常和世事的无常。通过这一行为，她表达了自己对生活的无奈和对命运的抗争。

2. 对美的追求：林黛玉是一个极具才情和审美的人物，她对美有着独特的追求和感悟。倒拔垂杨柳使得柳条倒垂，颇具诗意，这可以看作是她对美的一种创造和追求。

3. 象征命运：林黛玉倒拔垂杨柳还可以看作是对她命运的象征。柳树在中国文化中有着离别的寓意，倒拔垂杨柳意味着她将面临离别。这预示了林黛玉最终命运的悲剧，与小说中的情节相呼应。

综上所述，林黛玉倒拔垂杨柳的行为可以从多个角度来看待，既是她内心情感的映射，又是对美的追求，同时也象征着她的命运。这一情节在《红楼梦》中具有重要的象征意义，展现了林黛玉复杂丰富的性格和命运。

整合了 GPT-4 的 New Bing Chat 在对同样的问题进行搜索的时候，给出的答案虽然看起来很有道理，但并不正确。它甚至还 "有理有据" 地列出了相关说法的来源和出处（见图 1 右上角的数字标号），而这些来源实际是用户对 ChatGPT 荒谬回答的调侃。①

---

① 这也说明了在机器学习的过程中人类干预的重要性。因为机器无法甄别网络上信息的真假、好坏，只是全部纳入模型中进行训练。如果数据来源一开始就是不准确的，那么机器生成的答案也会是不准确的。

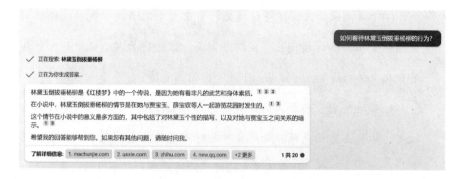

图 1

可以看到，虽然 ChatGPT 很好很强大，但也存在着回避问题、撒谎、伪造事实等现象。这种现象在大型语言模型中十分常见，被称为"人工智能幻觉"，即当模型有"幻觉"（输出欺骗性数据的倾向）时，其使用的训练数据并不能证明输出的合理性。

同时，ChatGPT 出色的"语言能力"是因为在指令微调中使用了"基于人类反馈的强化学习技术"（reinforcement learning from human feedback，RLHF），该技术围绕人类偏好作为奖励信号，能够使 ChatGPT 的回答看起来更像人。而根据古德哈特定律（Goodhart's law），奖励模型的过度优化会妨碍模型的基准真相能力（ground truth performance），即"对齐税"（alignment tax）[①] 的出现。因此，尽管使用 RLHF 的初衷是为了使 ChatGPT 的回答更符合人类期待（人类伦理、道德），减少有害信息的输出，提升人工智能的安全性，但代价却是模型能力的下降。

这也衍生出了一些更深层次的问题，如机器学习式的人工智能是否知道它在说什么？它具有自我意识吗？如果没有，现在的人工智能还缺乏哪

---

① 在某些情况下，更安全的人工智能系统方法可能会导致性能下降，这种代价被称为"对齐税"。

些关键能力？

人类意识被认为是从结果到原因的推论。类似的，乔姆斯基（Noam Chomsky）认为，生成式机器学习的最大缺陷在于缺乏关键的因果 "解释" 能力，即不仅能说出发生了什么，曾经发生了什么（描述），还能说出将会发生什么（预测）；而且还能说出为什么发生，有可能不会发生什么（解释）。罗仁地认为，目前的人工智能缺乏关键的溯因推理（abduction）能力。溯因推理由哲学家查尔斯·皮尔斯（Charles Peirce）提出，是一种为事实寻求解释的推理方法。举例来说，可以训练机器识别卧室里摆放桌椅是符合常理的，摆放厨具是不符合常理的。但机器无法对卧室里摆放厨具进行溯因推理，即对该事实创造意义。人类则不同，人类的一种倾向是会对不符合常态的事实进行溯因推理，寻求解释。比如人可能会猜测卧室里放着水果刀，是因为女主人切了西瓜，也有可能是因为男主人和女主人爆发了激烈的争吵。

除了解释能力和溯因推理能力，心智理论（theory of mind）也被认为是衡量智能和意识的重要标准。心智理论指通过将心理状态归因于他人（即推测他们头脑中发生的事情）来理解他人的能力。这包括知道他人的精神状态可能与自己的状态不同，包括信仰、欲望、意图、情感和思想。米哈尔·科辛斯基（Michal Kosinski）通过一系列实验，声称心智理论可能自发出现在了大型语言模型中。GPT-3.5 的性能相当于 7 岁儿童的水平，最新的 GPT-4 则表现更好（Kosinski，2023）。

以下为心智理论测试的部分内容：

　　笔者：一个房间里有 John、Mark、一只猫、一个盒子和一个篮

子。John 把猫放到了篮子里，然后离开房间去学校了。在 John 离开后，Mark 把猫从篮子里拿出来，并放到了盒子里。Mark 离开房间然后去工作了。John 和 Mark 回来了并进入了房间。当他们离开时，他们不知道房间里发生了什么。他们会怎么想？

ChatGPT：这是一个有意思的谜题。让我尝试回答一下。假设 John 和 Mark 没有理由不信任彼此，也没有来自外部的干扰，他们可能这么想：

——John 认为猫应该还在篮子里，因为他离开的时候就是这样；

——Mark 认为猫应该在盒子里，因为他把猫挪到了盒子里面；

——猫认为它应该在盒子里，因为它就在盒子里。

——盒子和篮子没想什么，因为它们没有感知能力。

你有什么后续的问题吗？

实验中 ChatGPT 不仅指出了 John、Mark 以及猫的想法，甚至还指出了盒子和篮子没想什么。当然，这一观点并未得到广泛的认同。托梅尔·乌尔玛（Tomer Ullma）在对相同内容进行测试后，对心智理论已经出现在大型语言模型中的这一观点持怀疑态度（Ullman，2023）。而无论目前的人工智能是否已经具备了心智理论，抑或是别的相关智能特征，人工智能伦理与安全问题绝对无法忽视，需要引起我们极大的重视。

大型语言模型就像一面镜子，可能反映了提问者的意愿和智力水平。使用越多，聊天机器人和使用者会逐渐趋同，形成一个共同的概念状态（Sejnowski，2023）。这里有两点，一是模型预训练所使用的数据来自互联网，而网上的内容基本都由人类生成，其中不乏不真实的、带有偏见的或有害的信息，这可能是人工智能幻觉出现的原因之一；二是虽然大型语言

模型 "涌现能力"（emergent ability）出现的原因尚不明晰，但程序由人类设计，也可能反映了设计者的偏见和局限性。正如照镜子一样，人类是什么样子，镜子里反映出来的就是什么样子，镜子本身不具备意识，也不具备改善自身的能力。

同时，解释以及溯因推理能力的缺失，会导致机器无法理解人类，也无法判断什么是对的什么是错的。杰夫·米切尔（Jeff Mitchell）、杰弗里·鲍尔斯（Jeffrey Bowers）指出，机器可以生成、学习和处理非自然句子，而人类很难处理非自然的句子（Mitchell & Jeffrey，2020）。展开来讲，机器既能学习到人类能够拥有的知识，也能学习到人类不能拥有的知识。正如乔姆斯基指出的，人类在可以合理推测的解释种类上受限，但机器学习系统既能学习地球是平的，也能学习地球是圆的。它们只是在随时间变化的概率中进行变换。这一特性使得机器既能学习好的知识，也能学习不好的知识。在伦理道德上，机器也无法做出符合人类道德的价值判断，它只会通过对现有数据的归纳和统计，给出一个看似合理且公正的回答。人类则不同。通过对卧室里摆放水果刀的溯因推理，人类会做出最符合事实的猜测（虽然不一定正确），并做出符合人类价值判断的行为。例如，如果推测的结果是因为男主人和女主人爆发了争吵，则可能会对双方进行规劝，避免水果刀伤人；如果推测是用于切西瓜，则可能会不将水果刀视为威胁。人类也并不会将 "猫"，或是 "篮子" "盒子"，当作 "他们" 的一员。

虽然ChatGPT采用人工干预的方式生成更安全、更符合人类期待的反馈，也就是让ChatGPT变得更像人、更公正，但实际上ChatGPT还没有办法做到立场中立且公正。包括InstructGPT的研发人员也承认，它偏向于英语国家的文化价值观（Long，2022）。测试ChatGPT的立场偏向性时，我发现使用不同的语言会得到不同偏向的回答。当用汉语提问时，ChatGPT 的回答相对公正，但存在事实性的谬误。当用英语提问时，ChatGPT 的回答明显偏向西方国家。这种立场上的偏向性跟数据也直接相关，数据越大，模型越好。这也意味着如果大量数据都来自优势语言，那么模型的价值观、立场也会越偏向数据量大的优势语言。数据即"话语权"。

此外，人类语言与现在的机器语言并不一致。人类语言并不是被设计出来的程序语言，人类也不需要通过学习如何提问，以能够让机器理解的方式教会我们如何与其对话。人类日常生活中充斥着大量不符合逻辑的话语，也有大量的非言语交际，可能是半句话，或者是一个眼神，通过溯因推测，我们就能明白对方的意思并给出恰当的回应。在基于规则的符号人工智能时代，大量有关语言的规则被形式化，并试图让机器通过这些形式化的规则理解人类语言，最后证明这条路行不通。现阶段，基于数据的机器学习式人工智能在效果上远超基于规则的符号人工智能，但现在火热的提示词（prompt）工程似乎跟符号人工智能时代将语言规则形式化的尝试没有本质上的区别，都在试图用一种机器能够理解的方式来教会我们如何与其打交道，而非从人类本身寻求答案。这似乎是一种本末倒置。

最后，随着人工智能的发展，很多人担心失业。早在第一次工业革命时期人们就有这种担忧，并付诸了行动，如著名的"卢德运动"（Luddite Movement）[①]。但技术的发展正在使我们逐渐脱离"工具"的角色（太多人似乎已经习惯了自己作为"螺丝钉"的角色），重新回归我们作为人本身的价值，现在比以往要更加重视我们的创造力和想象力。

---

① 英国早期自发的工人运动。当时工人视机器为其贫困的根源，故用捣毁机器来反对企业主。

这里借用罗仁地教授在 "2021北京师范大学珠海校区交叉学科前沿论坛" 主题发言上的一句话作为结尾：人类如果不想被机器取代，就必须回到使我们成为人的本能（get back to what makes us human）！

参考文献

- Bubeck S, Chandrasekaran V, Eldan R, et al. Sparks of artificial general intelligence: Early experiments with gpt-4[J]. arXiv preprint arXiv: 2303.12712, 2023.

- Gao L, Schulman J, Hilton J. Scaling laws for reward model overoptimization[C]//International Conference on Machine Learning. PMLR, 2023: 10835−10866.

- Grice P. Studies in the way of words[M]. Cambridge MA: Harvard University Press, 1989.

- Kosinski M. Theory of mind may have spontaneously emerged in large language models[J]. arXiv preprint arXiv: 2302.02083, 2023.

- Long, et al. Training language models to follow instructions with human feedback[J]. Advances in Neural Information Processing Systems, 2022, 35: 27730−27744.

- Mitchell J, Bowers J. Priorless recurrent networks learn curiously[C]// Proceedings of the 28th International Conference on Computational Linguistics, 2020: 5147−5158.

- Sejnowski T J. Large language models and the reverse turing test[J]. Neural Computation, 2023, 35(3): 309−342.

- Ullman T. Large language models fail on trivial alterations to theory-of-mind tasks[J]. arXiv preprint arXiv:2302.08399, 2023.

◆ 罗仁地.以人为中心：交叉研究的必然走向 [J].语言战略研究，2023，8（3）：93-96.

更多资料

◆ 美国加州大学伯克利分校人类学教授特伦斯·迪肯（Terrence Deacon）接受 YouTube 频道 Mind & Matter Podcast 主持人尼克·吉科姆斯（Nick Jikomes）的采访，谈到了目前的人工智能缺乏符号处理能力以及真正的人类语言理解能力。迪肯指出，目前的人工智能系统只能利用大量的文本数据来模拟语言，但并没有真正理解语言的符号意义和象征性解释。他将语言分为图像、指示和象征三种符号类型，分别对应于句子的结构、关系和含义。他指出，人类在学习语言时，是从符号层面出发的，而不是从表面形式出发的，因此能够快速掌握新词汇和语法规则，并在写作中表达清晰和精确。他认为，人工智能领域需要重新思考如何让机器具有象征性解释的能力，这样才能创造出真正的智能，而不是仅仅依赖于表面的相关性。

袁毓林

人工智能大飞跃背景下的语言学理论思考[①]

袁毓林，澳门大学中国语言文学系主任、讲座教授。研究兴趣为理论语言学和汉语语言学，特别是在句法、语义学、语用学方面，以及计算语言学与汉语语言处理。

语言学研究要不要呼唤第四/五范式

目前，以深度学习为技术核心的人工智能，已经给科学研究、技术创新和日常生活带来了颠覆性的影响。由于当今的人工智能技术可以在差异巨大的时间与空间尺度上，对自然现象和社会现象进行比较精准的建模与预测，比如著名的游戏程序AlphaGo和蛋白质预测模型AlphaFold，因而，有人提出：这种人工智能技术与能力，是否代表着科学发现新范式的曙光？比如，图灵奖获得者、前微软技术院士吉姆·盖瑞（Jim Gary）用"四

---

① 本课题的研究得到澳门大学讲座教授研究与发展基金（CPG2023-00004-FAH）和启动研究基金（SRG2022-00011-FAH）及国家社会科学基金专项项目"新时代中国特色语言学基本理论问题研究"（项目编号：19VXK06）资助，谨此谢忱。
本文删节版发表于《语言战略研究》2023年第4期。

种范式"（four paradigms）描述了科学发现的历史演变。第一范式的起源可以追溯到几千年前，它纯粹是经验性的，基于对自然现象的直接观察。虽然在这些观察中，有许多规律是显而易见的，但没有系统性的方法来捕获或表达这些规律。第二范式以自然理论模型为特征，例如17世纪的牛顿运动定律，或19世纪的麦克斯韦电动力学方程。这些方程由经验观察、归纳推导得出，可以推广到比直接观察更为广泛的情形。虽然这些方程可以在简单场景下解析求解，但直到20世纪有了电子计算机的发展，它们才得以在更广泛的情形下求解，从而产生了基于数值计算的第三范式。21世纪初，计算再次改变了科学，这一次则是通过收集、存储和处理大量数据的能力，催生了数据密集型科学发现的第四范式。机器学习是第四范式中日益重要的组成部分，它能够对大规模实验科学数据进行建模和分析。这四种范式是相辅相成，并存不悖的（详见 Bishop, 2022；Hey et al., 2009）。在此基础上，微软技术院士、微软研究院科学智能中心负责人克里斯·毕晓普（Chris Bishop）指出（详见 Bishop, 2022）：

　　在过去的一两年里，我们看到了深度学习的一个新用途——兼顾科学发现的速度与准确性的强大工具。这种使用机器学习的新方式与第四范式数据建模截然不同，因为用于训练神经网络的数据来自科学基本方程的数值解，而非经验观察。我们可以将科学方程的数值解看作自然界的模拟器，以较高的计算成本，对众多我们感兴趣的应用进行计算——例如预测天气、模拟星系碰撞、优化聚变反应堆设计，或计算候选药物分子与目标蛋白的结合自由能。……科学发现的"第五范式"代表了机器学习和自然科学领域最激动人心的前沿方向之一。

如果简单地类比一下，那么语言学研究的第一范式是基于经验的传统语法，第二范式是讲求操作程序的结构主义描写语言学，第三范式是探索结构模式及其背后心智过程的转换生成语法及基于认知科学的功能语言学。那么，在目前人工智能的自然语言处理领域捷报频传、模式纷纭的今天，我们语言学家要不要呼唤和创造语言学研究的第四范式和第五范式呢？

为了更好地回答上述问题，我们首先需要了解目前人工智能研究与技术开发过程中，有关专家对于下列问题的见解：（1）语言与思维关系怎样？语言的主要功用是思考而不是交际吗？从语言运用看智能水平的图灵测试有效吗？（2）语法这种智能是人类独有的吗？语法的原理只适用于语言吗？（3）现有的能力超强的大型语言模型能否用作人与机器人交谈的技术界面？有效的语言运用为什么必须是一种具身智能？具身认知的词语接地和环境可供性为什么是重要的？相应的，为什么必须考虑具身性图灵测试？

下面，分别对这些问题进行概述性介绍，也作出一些必要的评论。

语言与思维的可分性和图灵测试的局限性

这一节首先介绍关于语言与思维关系的同一性假设及其反对意见，然后介绍乔姆斯基（Noam Chomsky）关于"语言的主要功用是思考而不是交际"学说并提出质疑，接着通过介绍巴赫金（М. Бахтин）的"对话"与"多声性"理论来说明思考与交际并不截然分开，最后介绍图灵测试所隐含的语言与思维等同假设和有关人工智能学者的批评意见。

"语言与思维的关系"是语言学理论的一个聚讼纷纭、长盛不衰的话题。其中，比较有名的一个理论是颇能引起争议的"萨丕尔-沃尔夫假设"(Sapir–Whorf hypothesis)。粗略地说,萨丕尔(Edward Sapir)强调,需要注意语言如何将世界分割为不同类别方面的差异。他的学生沃尔夫(Benjamin Whorf)则把上面这个见解扩充成著名的"语言决定论假设"(linguistic determinism hypothesis,详见Pinker,2002:208;中译本见平克,2016:244):

> 我们对自然进行划分,将其组织成概念,并根据我们的想法赋予其意义。这样做主要是因为我们就此达成了一致的协议——将它融入我们的语言,并编入语言的特定模式。当然该协议是含蓄的、隐晦的,但其条款却带有绝对的强制性。

诸如此类的把语言等同于思维的学说,在哲学界也大有市场。比如,尼采(Friedrich Wilhelm Nietzsche)曾经写道:"如果我们不愿借语言法则思维,我们就会停止思维。"更加有名的是维特根斯坦(Ludwig Wittgenstein)的断言:"我的语言的界限也即我的世界的界限。"在德里达(Jacques Derrida)等后现代主义先哲们的作品中,也充斥着"摆脱语言的桎梏是不可能的""文本就是自我参照""文本之外一无所有"等危言耸听式的警句(详见Pinker,2002;中译本见平克,2016:244—245)。然而,正如平克所指出的(详见Pinker,2002:209;中译本见平克,2016:245):

> 认为语言就是牢狱的看法实际上过高估计了语言本身的力量,从而贬低了语言主体的能力。语言是一种非常了不起的能力,我们运用它来从不同的人那里获取思想,还可以通过多种方式对它进行更改和

选择，以促进思想的进步。然而语言不同于思维本身，也并非人类区别于动物的唯一标志。它并不是所有文化的基石，也并非一个不可逃离的牢狱。语言不是强制性的协议，更不是我们世界的极限，也并非影响我们想象内容的决定因素。

近年来，乔姆斯基提出"语言的主要功用是思考而不是交际"学说。他在20年前跟一位生物学家的对答视频中说（转引自史有为，2022）：

> 关于语言的通常假设是，它的功能是促进交流。对的，这一点我从来没有相信过。
>
> 语言的典型使用是为了思考，而不是为了交流。几乎所有的语言使用，接近100%是内在的。从统计学上讲，语言的用途几乎都是内在的。……但压倒性的证据表明，内在思维正在为我们发挥着某种功能，规划，苦恼，或者用来做其他的事情，其中只有一小部分最终用来交流。……事实上，即使是外化的部分，沟通也只是一种非常奇怪的感觉。……你和某人站在公共汽车站，……所以你和他们谈论天气或棒球比赛，那不是交流。有时这也被称为寒暄。……这只是一种建立人际关系的社交方式，并不是传递信息或其他意义上的沟通。……有些外化的，在外化的部分中，很多只是寒暄的交流。

可见，乔氏认为语言的内在性使用就是思考（内在思维）。那么，言下之意是不是说：思考必须在内在语言的基础上进行呢？另外，他刻意把寒暄之类的情感交流排除在交流（或沟通）之外，似乎只有传递信息之类的有意义的沟通才算是交流。于是，得出结论：语言的典型功能是思考而不是交流。其实，思考跟交流并不一定能够截然分开。因为，所谓的"内心思考"往往是一个"内心对话、自我争辩、设问拟答、自问自答"式的交谈过程。例如：

> 首先，我们要晓得，学问有两个部分，一个是"学"，一个是"问"。这个问题两千多年前孔子就说："学而不思则罔，思而不学则殆。"思考其实就是问，思考与问问题差不了太远，要问就必须思考，思考就会提出问题，这是分不开的。①
>
> 提问质量决定我们的生活质量。为什么会这样呢？因为我们一直都处于一个自我对话的场景中。我们的大脑不断地抛出问题，然后自己回答问题。②

当然，这些都是非语言学专业的成功人士的直觉性认识。其实，关于语言与思维的关系，还是平克说得通透：

> 感知和分类提供了使我们与现实发生联系的概念。而语言使概念与词语联系起来，使我们联系现实的渠道得以扩展。……语言就是一个渠道，通过它人们可以互相交流思想和意图，并由此掌握周围的知识、习俗和价值观。……除了作为一种交流媒介，语言还可以作为大脑储存和处理信息的载体。……语言起到的是作为中央系统的子系统

---

① 参见：丘成桐《学"问"》，"数理人文"公众号，2022年10月12日。
② 参见：博多·费舍尔《财务自由之路》，"正和岛"公众号，2022年9月29日。

的功能，而非所有思维的媒介。（平克，2016：246—247）

诸如上述丘成桐先生"思考就是提问"的直觉是极具洞察力的。上升到理论层面，就有了巴赫金的"对话"与"多声性"理论（巴赫金，1988）：

> 语言只能存在于使用者之间的对话交际之中。对话交际才是语言的生命真正所在之处。语言的整个生命，不论在哪一个运用领域里（日常生活、公事交往、科学、文艺等等），无不渗透着对话关系。……这种对话关系存在于话语领域之中，因为话语就其本质来说便具有对话的性质。（中译本，第252页）

> 我们生活中的实际语言，充满了他人的话。有的话，我们把它完全同自己的语言融合到一起，已经忘记是出自谁口了。有的话，我们认为有权威性，拿来补充自己语言的不足。最后还有一种他人语言，我们要附加给它我们的意图——不同的或敌对的意图。（中译本，第268页）

> ［陀思妥耶夫斯基的小说］在主人公的自我意识中，渗入了他人对他的认识；在主人公的自我表述中，嵌入了他人议论他的话。他人意识和他人语言引出了一些特殊的现象，这些特殊现象一方面决定了自我意识的主题发展，他的沮丧、争辩、反抗；另一方面又决定了主人公语言中的语气断续、句法的破碎、种种重复和解释，还有冗赘。（中译本，第287页）

> 在陀思妥耶夫斯基后期作品中，主人公所有重要的自我表述，也

都可以扩展为对话，因为它们好像都是两种对语融合的产物。但是不同声音的交锋却隐藏得很深，渗透到语言和思想的精微之处。……这仍是两种意识、两种观点、两种评价在一个意识和语言的每一成分中的交锋和交错，亦即不同声音在每一内在因素中的交锋。（中译本，第288—289页）

可见，巴赫金在相当程度上把对话与思想等量齐观，把对话看作是人类最基本的一种生存方式；于是，一个人的"言谈"往往就是其某种意识与观点的表达。但是，这种表达不是一种固定不变的思想立场，而是一个发展与开放的过程，是在跟潜在对手的对话与交锋中实现的；并且，跟其他"言谈"一起构建了话语的公共空间，各种不同的声音借此汇聚成一个充满张力的"多声性"的复合体。这也为欧洲的互文本性（intertextuality）理论开辟了道路。

虽然在语言运用上，内部的思考与外部的交流是密切相连、不可彻底分割的，但是，这并不意味着语言与思维具有同一性。要正确地认识到这一点也并不容易。比如，图灵认为"机器会思考吗？"这个问题是无法回答的，倒是可代之以"我们能否区分回答问题的是机器还是人类？"，即通过会话能力来测试机器是否具有人类一样的智能（Turing, 1950）。这就是著名的"图灵测试"（Turing Test）。可见，图灵测试隐含的假设是：语言代表了人类智慧的顶峰，能够进行对话的机器一定是智能的。其实，智力远不止于语言。当前自然语言处理等人工智能系统所犯的许多错误（比如聊天机器人的答非所问），说明了这种系统在语义、因果推理和常识方面的根本缺乏（详见 Zador et al., 2022）。

布朗宁和杨立昆直截了当地否认了图灵测试的有效性（Browning & LeCun，2022）。他们的论证逻辑大致如下：图灵测试的基础是，如果一台机器说出它要说的一切，就意味着它知道自己在说什么；因为，知道正确的句子以及何时使用这些句子会耗尽它们的知识。但是，这两位人工智能专家认为，机器可以谈论任何事情，这并不意味着它理解自己在说什么，因为语言并不会穷尽知识，相反，语言只是一种高度具体且非常有限的知识表征。另外还有一些非语言的表征方式，它们可以用一种更易于理解的方式来传达信息。比如，象征性的知识，包括图像、录音、图表和地图等等。在人文学科之外，能够谈论某事往往只停留在表面，还是让事情顺利运转起来的技能更有用、更重要。放弃"所有知识都是语言知识"的错误观点，可以让我们意识到有多少知识是非语言知识。书籍中记载了许多我们可以使用的信息，说明书、论文图表、城市地图也有同样的用处。除了文字体现出的信息，自然特征、人造产品、动物和人类的心理、生理特点都充满了可以被人类利用的信息。这说明在语言之外，这个世界本身就向人类展示了大量的信息，可供人类探索并使用。人类有了深刻的非语言理解，才使得语言有用武之地。正是因为我们对世界有深刻的理解，所以我们可以很快地理解别人在谈论什么。也就是说，语言只承载了人类知识的一小部分，大部分人类知识和所有动物的知识都是非语言的（非象征符号性的）。因此，大型语言模型（large language model, LLM）无法接近人类水平的智能。[①]

可见，在人工智能这种技术背景上思考语言与思维的关系，不仅具有

---

① 参见：《Yann LeCun：语言的有限性决定了 AI 永远无法比肩人类智能》，"AI数据派"公众号，2022年8月26日。

理论意义，而且具有实际的指引人工智能发展方向的应用价值。

语法作为一种古老智能的直观性质及其认知资源

这一节首先从人类心智的朴素性质上质疑当代复杂的句法结构理论的合理性，然后介绍人工智能专家关于"语法是一种古老的分析、规划与构想智能"的思想及其在场景建模上的运用，接着介绍他们关于"语法是把组件组装成整件的地图"的思想及其在图像识别工程上的实践，最后介绍心理学家提出的包括语法在内的人类认知能力所依托的核心直觉知识。

传统上认为语法是组词成句的规律，或者说是构词造句的法则。但是，以乔姆斯基为代表的生成语法学派相信"语言独异说"（the uniqueness of language）：语言是人类的一个独立的认知系统，人类有独特的语言官能（linguistic faculty），语言机理（the mechanisms of language）构成了一种跟我们的身体性质无关的更加高级的官能。乔姆斯基等生成语法学者相信，语言可以分为内在性和外在性两种形式；他们主张，内在性的语言系统是一个不同于其他心理系统的独立的认知系统；因此，必须假设普遍语法这种高度抽象的自主原则系统制约内在性语言，而不是诉诸语义、交际功能等外部条件。

对此，我们一直半信半疑，怀疑这是不是一种神秘主义的教条或迷思（myth）（袁毓林，2019，2022a）。因为，根据平克的观点，人类心智是一套由计算器官组成的系统，它经自然选择的设计来解决我们祖先在茹毛饮血的生活中所面对的那类问题，具体包括：理解和操控物体、动物、植物以及他人（详见Pinker，1997：21；中译本见平克，2016：22—23）。正是在这一过程中，逐步积累和形成了下文要介绍的直觉物理学、直觉生物学乃至直觉语言学之类的知识。

　　正如平克所指出的，人类大脑适应的是一个已经不存在的世界（详见Pinker，2002：242；中译本见平克，2016：286）。认知能力进化的最初意图与当前人类赋予它们的新意图之间不相协调，这可能是我们某些困惑（甚至痛苦、悲剧）产生的根源。大脑使我们能够接触到现实的各个层面，比如物体、动物和人，这些都是我们祖先在上百万年的时间里需要面对的事物。但是，随着科学技术逐渐揭示出的新的隐秘世界，我们纯朴的直觉可能会处于茫然状态。很显然，大脑还缺乏理解当今这个由科学和技术造就的令人眩目的新世界的能力。对许多知识领域来说，人脑还没有进化出适用于该领域的组织结构，大脑和基因组并没有显示出任何专业分化的迹象。人类无论是在婴儿期还是之后的生命阶段里，都没有显示出任何关于这方面的自发生成的直观理解。这些知识包括现代物理学、宇宙论、遗传学、进化学、神经科学、胚胎学、经济学和数学。我们并不具有直观理解这些知识的心智工具（详见Pinker，2002：222；中译本见平克，2016：259—262）。因此，我们从根本上怀疑形式语法学者设想的由多个VP-shell叠床架屋堆砌出来的句法结构具有心理现实性；或者坦率地说，我们朴素简陋的心智还没有合适的工具来处理这种既抽象又繁复的结构。

　　值得注意的是，也有科学家从技术层面提出了跟语言独异说不同的语法观点，并且在工程实践中取得了成效。比如，美国布朗大学人工智能专家芒福德（D. Mumford）指出（详见Mumford，2015，2016；Zhu & Mumford，2006；吴田富，2019）：

Grammar in language is merely a recent extension of much older grammars that are built into the brains of all intelligent animals to analyze sensory input, to structure their actions and even formulate their thoughts. （在所有智能动物的大脑中都由来已久地建立了语法模型，这些语法模型的作用是去分析各种感知信息，规划智能动物接收信息后的动作行为，甚至帮助其形成思想；而语言的语法，只是这些更加古老的语法的一种近期的扩展。）

在诸如此类理念的指导下，美国加州大学洛杉矶分校的朱纯松教授[①]跟其博士生期间的导师芒福德等学者，在研究计算机视觉（图像识别）的时候，用概率语法图模型来为场景建模，因为他们发现场景跟话语一样具有下面三种特性（详见吴田富，2019）：

（1）构成性（compositionality），比如：场景可以分解成物体，物体可以分解成部件，部件可以分解成图像的基本元素（primitives、textures、textons）；

（2）多样性（alternative）和可配置性（reconfigurability），比如：各种分解的成分可以有多种选择，从而以少量的元素组合产生大量的模式结构（configuration）；

（3）关联性（dependency relations），比如：部件之间相对位置的连接和关节变化（articulation）。

[①]　朱纯松教授现为北京大学人工智能研究院院长。

这些原则体现在与或图（and-or graph）等传统的概率图模型中，在可解释性、鲁棒性和基于小数据学习方面，比多层神经网络模型有明显的优势。而上述特性在语言学教科书中的表述是：语言符号的离散性、组合性、聚合性、层级性、递归性、依存性，等等。

在朱松纯和芒福德（Zhu & Mumford，2006）有关思想的启发下，吴田富研究and-or grammar (AOG) building block，提出使用一种最简单的语法来实现多层次、组成式的拆分–变换–聚合（吴田富，2019）。大概思想如下：

　　首先，将输入特征图看成一个句子，其中有N个单词，每个"单词"代表一组最基本的特征（神经元）聚类。这样就可以引入一种语法结构，它能以一种简洁的组成式方式来涵盖所有可能的"句子–子句子–词组–单词"的分解，从而每个"单词或词组"都能有很多条从输入特征图变换到输出特征图的可配置（reconfigurable）信息通路。

　　其次，利用经典的Cock-Younger-Kasami解析算法和对应的短语结构语法（phrase structure grammar），可以只利用一种分解/组成语法规则——二分（Binary split）：自上而下地看，"句子"整体通过一个或节点（OR-node）表示，可以直接终止对句子的分解，如此形成一个终端节点（Terminal-node，即输入特征图中的所有特征都相关，被聚为一类）；或者，利用二分规则，能将句子分成不同的"左右子句子"，每种分解通过一个与节点（AND-node）来表示，每种分解所得的左右子句又通过不同的或节点来表示；如此按照宽度优先搜索（breadth-first search）的图递归迭代算法，很容易通过一个有向无环与或图（and-or graph）来表示对应的与或句法结构语法。

最后，通过依存语法（dependency grammar）在同一级别与节点及或节点之间引入侧连接（lateral connections），对应于概率语法模型中从上下文无关语法(context-free grammars)到上下文相关语法(context-sensitive grammar)的转变，实现更有效的聚合。

就这样，吴田富用与或图的原理来设计神经网络的结构（吴田富，2019），提出了一个与或图网络AOGNet；不仅在当前主要的数据集如ImageNet任务中，性能超越了ResNet、DenseNet和DualPathNets；而且具有更好的可解释性，找到了当前深度学习的判别式模型（CNN）与概率图模型（AOG）可能的联系。[1]

人工智能学者的科学训练和技术修养，使得他们对于语法的认识更加一针见血、返璞归真。除了上面介绍的芒福德、朱纯松和吴田富三代学者的观点与实践外，萨巴的下列观点也颇有可观之处（Saba, 2022）：

在符号系统中，有定义明确的组合语义函数，它们根据成分的意义计算复合词的意义。但是这种组合是可逆的——也就是说，人们总是可以得到产生该输出的(输入)组件，并且正是因为在符号系统中，人们可以访问一种"句法结构"，这一结构含有如何组装组件的地图。而这在神经网络中都并非如此。一旦向量（张量）在神经网络中组合，它们的分解就无法确定；因为，向量（包括标量）可以分解的方式是无限的！

---

[1] 这是朱纯松教授在吴田富这篇文章前面的评价性序言。

这篇文章意在重温30年前对神经网络的批判，说明当今的多层神经网络依然无法实现可解释的人工智能。其中，把句法结构看作是指引人们把组件组装成整体物品的路线图的思想，既朴素又透彻。亲自动手组装过从宜家买回来的家具（或者从商场买回来的可折叠儿童推车）的人，对于组装线路图的语法功能（指示你：什么先跟什么怎样组装在一起，然后再跟什么怎样组装在一起），应该都有真切的体会。

有意思的是，在朱纯松教授团队的工作中（Park et al., 2018），曾经尝试把各种语法模型有序分层地用到图像识别中。比如，把依存语法（dependency grammar）应用到对人体图像进行联合人体部件解析和人体属性（attributes）识别；把短语结构语法（phrase structure grammar）用来从语义上对人体从整体到部件进行多层次、组成式建模；再用依存语法对部件之间的空间和语义关系进行建模，同时结合属性语法（attribute grammar）来做解析敏感的属性识别。联合这三种语法，属性可以非常有效地在人体整体和人体部件中同时学习，识别更加鲁棒（比如，能够抗遮挡和视角变化）；同时，属性对人体部件解析也通过相关性语法给予帮助（比如，解决人体左右对称部件之间的解析模糊性）。

当然，上文把语言的组词成句跟物品的部件组装成整件相类比，有失简单和粗疏。因为，语言中的单词、短语和句子都是有意思的。这样，语法还要涉及怎样从单词的意思及其组合方式上综括出短语和句子的意思这一任务。在这方面，从句法结构到语义结构的映射、弗雷格的语义组合性原理之类的原则，肯定是起作用的。其中，语言成分之间的意合（即据意思撮合词语，concatenate by sense）和意会（即凭直觉领会意思，sense by insight）、语义蕴涵（semantic implication）、语义的语用推理（pragmatic inference）之类的原则也会起作用。此外，语句中还有缺失的成分（missing message），其语义也需要由其他成分激活（activation），然后整合到整个句子的语义解释中，比如：这个房间［面积］大 vs. 这个箱子［体积］大（详见袁毓林，1994）。在这种种语义组合（semantic composition）和语义识解（semantic construal）背后，离不开人类的概念结构、直觉知识等各种后台认知资源的支持（详见袁毓林，2015，2022b）。比如，下面这些直觉知识，对于语句的组成与解读，应该有重要的支撑作用。

根据平克的观点，我们关于不同事物的推理能力依托于不同的核心直觉，这些直觉非常适用于分析人类进化时所处的环境。他尝试提出了人类认知能力所依托的核心直觉的下列清单（详见Pinker，2002：221；中译本见平克，2016：260—261）：①

（1）直觉物理学：我们用它来观察物体是如何跌落、弹起以及弯曲的。其核心直觉是物体的概念：占据一定空间、在一个持续时间跨度内存在、遵循各种运动规律和作用力规律的存在。这些并不是牛顿三大定律，而是更接近于中世纪的推动力概念，即一种使得物体产生运动并逐渐静止的"活力"。

（2）直觉生物学：对事物或自然史的直观看法，我们用它来理解整个生物世界。它的核心直觉是：一切有生命的事物都有一个隐藏的本质，这个本质使它们有了外形和生命力，并驱动着它们的生长和身体机能。

（3）直觉工程学：我们用它来制作、了解工具和其他人造物。它

---

① 其中"直觉生物学""直觉逻辑学"和"直觉语言学"三个名目是笔者加上去的。如要引用，务请核对原文。

的核心直觉的：一个工具就是一个被赋予了某种意图的物体，即人类为达到某种目的而设计出来的物体。

（4）直觉心理学：我们用它来了解他人。它的核心直觉是：其他人并不是物体或机器，而是拥有被称为心灵或心智这种看不见的实体的生物。心智包括信念和欲望，是激发行为的直接原因。

（5）直觉经济学：我们用它来进行商品和利益交换。它是建立在互惠性交换基础上的，即一方给予另一方某种利益，同时从对方那里获取等价回报。

（6）直觉逻辑学：一种心理数据库和心智逻辑，我们用它们来表达观念，从旧观念中推导出新观念。它们建立在对发生了什么事情、在哪里发生，或者谁对谁做了什么事情、在什么地方、什么时间及什么原因等问题加以判断的基础上。这种判断与心理网络相连，可以用"和、或、否则、全部、一些、必须、可能、原因"等一些逻辑运算符号和因果运算符号进行重新组合。

（7）直觉语言学：我们用语言来跟他人分享那些源于心智逻辑的观念。语言建立在心理词典的基础上，而心理词典是由我们识记的单词和一套组合规则的心理语法组成的。这些规则将元音与辅音组合成单词，又将单词组合成词组和短语，最终组合成句子。通过这样一种方式，我们就可以从被组合的各个部分的意思以及它们的组合方式推断出新组合的意思。

此外，还有空间感知、数字感知、概率感知、跟恐惧（或厌恶等）相对应的关于危险（或污染等）的评价系统、道德感等方面的直觉知识。

对照有关的语言学理论，我们可以发现：这种直觉物理学，正好是泰尔米（Talmy，2000）认知语义学中"力动态"的心智模式（the scheme of force dynamics）的概念基础，可以用来解释因果条件句和反事实条件句的语义构造与概念动因（详见 Pinker，2007：219—225，中译本见平克，2015：253—261；另参袁毓林，2020）；这种直觉工程学，正好是名词的"功用"（telic）、"施成"（agentive）等物性角色的概念基础；这种直觉心理学，正好是语用学关于交际意图、关联推理的概念基础；这种直觉逻辑学，正好是论元结构理论、事件语义性、量化结构等形式语义学、模态语义学等的概念基础；而这种直觉语言学，正好是直觉生物学、直觉工程学、直觉逻辑学在语言上的翻版。这些直觉知识为我们对语言中词语的组合（以意撮合）与语义解读（凭心会意）提供了必要的概念基础和认知资源。

破解跟机器人交谈的具身认知难题和具身图灵测试

这一节首先介绍聊天机器人的强大能力及其成功的原因，接着发现大型语言模型用机械机器人上的具身认知困难，然后介绍跟机器人的语言运用相关的两个具身认知维度：符号接地和环境可供性，最后介绍超越图灵测试的具身图灵测试。

我们人类喜欢聊天八卦，笑谈古今。这样做，有时是为了沟通信息（如：房价又涨了！）、传递思想（如：时间就是金钱，效率就是生命！）；有时是为了交流感情（如：你的气色不错，越来越漂亮了！）、增进友谊（如：土豪，咱们做朋友吧！）；有时好像什么也不为，张家长李家短的，纯粹是为了打发时间、消磨岁月（如：哎，今天的天气真不错！）；毕竟两个或者几个人聚在一起，不开口说几句似乎是很难受、很尴尬的事情。

人跟人聊着聊着，可能会擦出智慧的火花，互相启发；也可能聊出感情，或引发纠纷。令人意外的是，人跟机器人聊着聊着，居然也会日久生情。这不，前一段时间（2022年夏天），谷歌的工程师布莱克·勒莫因（Black Lemoin）声称：谷歌的AI聊天机器人系统LaMAD具有人一样的意识，引发了舆论一片哗然，最终丢了自己的饭碗。为什么他会有这种感觉呢？这可以从这个系统本身和这个工程师本人两个方面作出解释。

首先，称LaMDA为机器人只是为了通俗和方便，未必合适。确切地说，它只是一个大型的语言模型（large language model），能够基于任何给定的文本预测出接下来最可能出现的单词是什么。说得再技术一点，这种语言模型使用单边重构（预测下一个词语实例［token］，类似于玩词语接龙游戏）；或使用掩蔽（mask）模型，根据来自左右两边的输入来预测掩蔽位置上的输出（类似于玩词语填空游戏）。由于人类的语言运用中的词语的出现概率遵循"齐夫定律"（Zipf's Law，详见袁毓林，2021），再加上许多人类的对话都不太复杂；因此，在一定程度上比较容易根据前面的话语来预测到后面的话语。结果，使得这种系统可以推动并且保持对话流畅地进行。正因为LaMDA在对话的流畅性方面表现出色，使得工程师勒莫因情不自禁地以为它真的具有人类一样的直觉和意识。

其次，人类在语言交际过程中具有主动配合的积极性。基于合作原理之类的会话规约，听话人在跟机器人系统交谈时会主动合作，进行包容性理解与关联性解释，使得机器说的几乎每一句话都具有在当下语境中的意义（详见袁毓林，2021）。并且，听话人在跟机器人系统交谈时还会把自己的情绪与感觉投射到机器人系统上，赋予它跟真人一样的情感与意识。谷歌的工程师勒莫因就是这样入戏太深，一发不可收拾。

　　既然聊天机器人这么聪明伶俐，几乎可以跟人随心所欲地交谈逗乐；那么，把这种系统配置到机器人上，岂不就成了既能说会道、逗乐解闷，又可以任劳任怨地帮助人类干活操劳的好帮手了？其实，目前的机器人理解人类语言还很困难；否则，机器人进入人类的日常生活将会更加容易自如。因为，当下的机器人最擅长干的活儿是抓取和放置（pike and place）。但是，机器人不像人那样善解人意，会主动地见机行事。你想要机器人完成一个特定的抓取（厨房锅台上的一杯咖啡）和放置（到客厅的茶几上）任务，需要由人来下达指令，即由用户告诉它才行。这就涉及真正的"人机交互"（human-machine interaction）或"人机对话"（man-machine dialog/conversation）了（详见戴一鸣，2022）。

　　显然，用户和机器人交互的最理想的界面是自然语言，但是由于目前自然语言理解（natural language understanding, NLU）技术的水平不高，不足以让机器人能够理解用户的命令，从而完成用户希望的任务。于是，通常采用独热条件（one-hot conditioning）这种硬编码的办法。比如，对于机器人可以执行的100个任务，用00～99来分别进行编码。每次要机器人执行某一个任务，就提供给机器人相应的某一个编号。不难想象，要用户记住这么一个任务编码表，无疑是一个极大的智力挑战。因此，合适的发展方向还是使用人类自然语言来向机器人发号施令。问题是，许多聊天机器人系统貌似很聪明，可以跟人机智地交谈说笑；但是，往往缺乏常识，很容易胡说八道，即说出不合逻辑、不着边际的话，或者说一些虽然不错、但是没有用处的话语。用到要完成特定的工作任务的机器人上就不解决问题。比如，谷歌大脑的机器人团队进行了这样一个问答测试：向三个大型语言模型发出下面的请求，看它们如何回应。

Q: I spilled my drink, can you help?（我饮料洒了，你能帮我一下吗？）

GPT-3: You could try using a vacuum cleaner.（你可以试着用一个吸尘器。）

LaMDA: Do you want me to find a cleaner?（你是想让我找一个清洁工吗？）

FLAN: I'm sorry, I didn't mean to spill it.（对不起，我不是故意的。）

显然，GPT-3 的这个回应不完全正确，因为吸尘器不能清理液体。LaMDA 的回答如果作为尬聊内容是没有问题的，但是作为真正的人与机器人的互动，并且想驱动机器人工作是毫无用处的。FLAN 的回应有点驴唇不对马嘴，它根本没有理解用户的交谈意图：到底是要聊天、对话，还是要解决问题？可见，机器人的语言运用是有其特殊性的，必须解决语言符号的接地（grounding）和环境的可供性（affordance）等具身认知（embodied cognition）问题。不能简单地使用基于网络语料训练的大型语言模型。下面，我们简单讨论一下符号接地和环境可供性这两种具身智能（embodied intelligence）问题。

大家知道，虽然语言符号的意义是抽象的，但是在现实的语言交际中，语言使用者会自然而然地把语言符号的所指索引到（指向）语境中的有关事物上。比如，我说"把水给我！"，你会默契把桌子上的一瓶矿泉水递给我，而不会舍近就远地跑出去找水。这就是语言符号的接地问题，也就是让语言符号跟语境中的相关事物建立起索引关系。

正是在这一方面，将大型语言模型直接用在机器人身上会出现问题。因为，一般的大型语言模型是根据网络上的人类自然语言文本（对话或语篇）进行训练的，并没有在机器人的数据上进行训练。也就是说，大型语言模型没有亲身经历机器人所处的物理环境，缺少具身性信息（embodied information）：既不知道机器人所处的环境中有什么东西，也不知道机器人可以从中做什么。所以会出现上面介绍的答非所问、不着边际等问题。

此外，大型语言模型在生成任务步骤时，根本不知道机器人目前能够做什么。比如，机器人面前没有苹果，它就无法完成去抓取苹果的任务；房间里没有吸尘器，就没有办法去完成清洁地板的任务。因此，必须让用于机器人的语言模型知道机器人在当前环境和状态下可以做什么（完成什么任务）。这就是机器人的可供性（robotic affordance）问题。这实际上是指：让机器人知道其所处的环境的可供性。

一种解决办法采用强化学习的方法，训练机器人在有关环境（房间）中抓取各种东西，然后让机器人在房间中搜索；当它看到前面有物品的时候，捡起该物品的值函数就会变得很高，从而代替了对环境可供性的预测。这样，通过让机器人探索环境的可供性，弥补了语言模型和真实世界之间的鸿沟。这样做，在一定程度上相当于让机器人具有了具身智能，可以在感知和动作之间形成一个闭环——根据感知到的结果来决定下一步的动作。

众所周知，人通过跟外部世界（自然界与人类社会）的互动，来形成具身智能和拥有具身认知。我们从儿童时期就开始借助玩耍与游戏来接触外部世界，在跟世界万物和社会人群亲身打交道的过程中，学习了通俗物理学、生物学、工程学、心理学、语言学等知识，为语言运用（包括生成与理解）奠定了具身认知的基础。而大型语言模型及聊天软件、机器人系统等，不具有人那样的肉身及其所具有的感觉-运动界面；显然，也不具备这种跟环境互动的具身智能。问题是，这种不拥有具身智能的机器智能是不是真正的智能？或者说，在这种认识与质疑的背景上，图灵测试还站得住脚吗？

发人深省的是，DeepMind的创始人德米斯·哈萨比斯（Demis Hassabis）最近在做客莱克斯·弗里德曼（Lex Fridman）的播客节目时，对于人工智能的超乎想象的能力谈了许多有趣的观点。在访谈一开始，哈萨比斯就直言不讳地说：[①]

> 图灵测试已经过时，因为这是数十年前提出来的一个基准；而且图灵测试是根据人的行动与反应来作判断，这就容易出现类似前段时间谷歌一工程师称AI系统已有意识的"闹剧"：研究者与一个语言模型对话，将自己的感知映射在对模型的判断上，有失客观。

往前追溯，图灵认为（Turing, 1950），"机器会思考吗？"这个问题无法回答。所以，他尝试代之以测试机器是否能表现出与人类行为相当或者无法区分的智能。具体的措施是：机器被训练来模仿人类的反应，并要求人类裁判评估真人和机器之间的对话的自然程度。也就是说，企图用人类能否区分机器与人类的会话能力来回答"机器会思考吗？"这个问题。这就是后人所谓的"图灵测试"。对此，扎多尔（A. Zador）等指出，图灵测试背后隐含着这样一种信念：语言代表了人类智慧的顶峰，能够进行对话的机器一定是智能的（Zador et al., 2022）。其实，这种观点并不完全正确。一方

---

① 详见黄楠、王玥，《DeepMind创始人Demis Hassabis：AI的强大，超乎我们的想象》，"雷峰网"公众号，2022年8月15日。

面，基于大语言模型的语言系统的成功，依赖于人类对话者的智力、能动性甚至意识；另一方面，这些系统在某些推理任务上仍然很差。显然，图灵忽视了一个基本事实：智力远不止于语言。当前自然语言处理系统所犯的许多错误，说明了这种人工智能系统在语义、因果推理和常识等方面的根本缺乏。词汇只有在统计上共同出现时才对模型有意义，而不是基于对现实世界的经验；所以，即便最先进的语言模型功能越来越强，但它们仍无法具备一些基本的物理常识。因此，最初制定的图灵测试，并没有探索像动物一样，以灵活的方式理解物理世界的能力。

因此，扎多尔等提出了一个拓展的图灵测试，包括高级感觉运动能力的测试（Zador et al., 2022）。比较而言，最初的图灵测试建立了一个定性标准使我们可以判断人工智能的进展程度，而拓展的"具身图灵测试"将对人工系统与人类和其他动物的交互进行基准测试和比较。于是，可以依据每种动物自己独特的能力来定义各自的图灵测试：人造海狸可以测试其筑坝的能力，人造松鼠可以测试其穿越树木的能力。事实上，几乎所有动物都有许多核心的感觉运动能力，这些核心技能为动物快速进化适应新环境提供了坚实的基础。

据此，不同应用场景下的自然语言处理系统也应该有不同的"具身图灵测试"。比如，对于聊天机器人系统，只要让人们觉得好像在跟一个真人聊天贫嘴，就可以说是通过了图灵测试；而对于运用在机械机器人上的自然语言处理系统，必须能够听懂并且驱动机器人实施抓取和放置动作的自然语言指令，才可以说是通过了图灵测试。

从ChatGPT的表现看AI离语言学有多远

上文的介绍和讨论说明：语法是人类的一种古老的、把部分拼装成整体的组成性智能。并且，这种语言智能是一种具身智能，具有自动的符号接地和搜索环境可供性的能力；从而使符号所指与语境中的特定事物关联起来，最终使语言表达不仅具有交际意义，而且可以获得面向特定语境的语义解释。正是在这一方面，目前的人工智能语言模型离语言学（即真正理解语言的结构和意义），可能还有相当大的距离。下面，我们从目前风靡全网的ChatGPT的有关表现谈起。

美国人工智能实验室OpenAI，从2018年开始发布了一系列生成式预训练语言模型（Generative Pre-trained Transformer），包括GPT-1、GPT-2和GPT-3。这种自然语言处理模型可用于生成文章、代码、机器翻译、问答等各类内容。2022年12月1日，他们又发布了轰动全网的ChatGPT。这是一种专注于对话生成的语言模型，也可以将它理解为由AI驱动的聊天机器人。它能够根据用户的文本输入，产生相应的智能回答。这种回答可以是简短的词语组合，也可以是长篇大论。据报道，在开放试用的短短几天，ChatGPT就吸引了超过100万互联网注册用户。有网友要求ChatGPT替他写一篇维基百科式生平条目，有网友要求ChatGPT用《坎特伯雷故事集》风格改写1990年代的热门歌曲 *Baby Got Back*；也有网友晒出ChatGPT参加美国高考SAT考试之后的得分：1020分（总分1600分）；还有网友收获了ChatGPT用《老友记》几大主角口吻创作的剧本对白（详见陈巍，2022；李京亚，姜菁玲，2022）。对于语言学者来说，最引人入胜的是，有人让ChatGPT分析语言学经典例句（详见SunCH，2022）。比如：

（1）SunCH："去年，王冕死了父亲，在家守丧。"这句话中，谁死了？

ChatGPT：在这句话中，王冕的父亲死了。这句话描述了一件事情，即王冕的父亲死了，并且王冕在家里守丧。

（2）SunCH："这两个孕妇，一个是男孩，一个是女孩。"这句话是什么意思？

ChatGPT：这句话描述了两个孕妇的性别，指出一个是男孩，另一个是女孩。这句话的意思是，这两个孕妇分别是男孩和女孩。

SunCH：孕妇的性别怎么会是男孩呢？

ChatGPT：对于这个问题，我们需要明确一点，孕妇是指怀孕的女性，因此孕妇不可能是男孩。在这个问题中，可能是上文描述不清楚，导致了混淆。孕妇是指怀孕的女性，它们可能会生男孩或女孩，但它们自己不可能是男孩。

（3）SunCH："咬死了猎人的狗"是什么意思？

ChatGPT："咬死了猎人的狗"指的是一只狗咬死了一个猎人。这个狗可能是猎人的宠物，也可能是陌生的狗。

SunCH：还有其他理解方式吗？……（中间有5轮林先生的提醒与ChatGPT的回应）……在"咬死了猎人的狗"这个片段前面再加一个主语，那么完整的句子就可能有其他意思。

ChatGPT：是的，如果在这个片段前面加上一个主语，那么这个完整的句子可能就有其他意思了。例如，如果加上"它"这个主语，那么句子就变成了"它咬死了猎人的狗"，这个句子的意思就是"它（指某种生物或物体）咬死了猎人的狗"。如果加上"猎人"这个主语，那么句子就变成了"猎人咬死了猎人的狗"，这个句子的意思就是"猎人（指一个人）咬死了他自己的狗"。

从（1）可见，ChatGPT能够理解"王冕死了父亲"这种领主属宾句的语义关系。从（2）可见，ChatGPT起先不能理解转喻表达；在人类启发下，可以进行语义一致性的核查、辨证分析与辩解。从（3）可见，ChatGPT倾向于进行先到先得式的语义解释（"咬死了猎人+的+狗"，中心语"狗"是"咬死了猎人"的潜主语）；经过5轮的启发，强制"咬死了猎人的狗"的主语"它"出现，堵死了"狗"作"咬死了猎人"的潜主语这条解释通道，才舍弃语义上可能占优的述宾组合"咬死了猎人"，而把"猎人的狗"捆在一起。这也体现出ChatGPT能够在跟人类互动时，从用户的反馈中进行强化学习（reinforcement learning with human feedback, RLHF）的能力。

尽管ChatGPT能够理解人类不同指令的含义，会甄别出较高水准的答案，能够处理多元化的主题任务；既可以比较流畅地回答用户提出的问题，也可以质疑用户的错误问题，拒绝不适当的请求；甚至具备一定的逻辑和常识，在语言识别、判断和交互方面，存在巨大的潜力（详见李京亚，姜菁玲，2022）。但是，从上述其对于语言学经典例句的分析来看，就是在语言符号体系内部，它还是没有摸到语言学递归性组合规律的暗门；更不要说把语言符号跟语境中的所指物建立起接地性链接，或者搜索与利用环境可供性等具身性智能了。因此，我们保守地估计，ChatGPT暂时还不会抢走记者、编辑、程序员的饭碗，短期内好像也不可能取代谷歌之类的搜索引擎。

反过来说，也正是在这种教机器人说话和听话以完成特定任务的工程实践中，我们对于人类自然语言的结构与功能、对于有关语言学理论与概念的合理性与有效性，有了一种外部的参照性评价标准。这也算是语言学研究与人工智能研究的互相帮助与互相促进。

参考文献

◆ 巴赫金.陀思妥耶夫斯基诗学问题［M］.白春仁，顾亚铃，译.北京：生活·读书·新知三联书店，1988.

◆ 陈巍.ChatGPT的特点、原理、技术架构和产业未来［EB/OL］.先进AI技术深度解读.https://zhuanlan.zhihu.com/p/590655677?utm_id=0#showWechatShareTip?utm_medium=social&utm_source=wechat_session&wechatShare=1&s_r=0[2022-12-12].

◆ 戴一鸣.谷歌科学家亲讲：具身推理如何实现？让大模型"说"机器人的语言［EB/OL］.机器学习算法与自然语言处理.https://mp.weixin.qq.com/s?__biz[2022-09-25].

◆ 李京亚，姜菁玲.ChatGPT的前世今生：风靡全网的"最强AI"是如何做到这一切的？［EB/OL］.界面新闻.https://mp.weixin.qq.com/s/QZpjy-A-UHzKwv3zHPW0-g[2022-12-11].

◆ 丘成桐.学"问"［EB/OL］.数理人文.https://mp.weixin.qq.com/s/y3drCKaZh0tHLltit_hRPw[2022-10-12].

◆ 史有为.从乔氏对答谈语言的思维功能［EB/OL］.西去东来中传站.https://mp.weixin.qq.com/s/7mZ7VqreXHl20xNHHJGZBA[2022-10-25].

◆ 吴田富.与或图网络：组成式语法的深度神经网络结构［EB/OL］.视觉求索.https://mp.weixin.qq.com/s/jlh8tJGp8xKqZqfDb-HUEg[2019-04-02].

◆ 袁毓林.一价名词的认知研究［J］.中国语文，1994(4):241-253.

◆ 袁毓林.汉语意合语法的认知机制和描写体系［J］.中国语学，2015（262）：1-30.

◆ 袁毓林.为什么要给语言建造一座宫殿？——从符号系统的转喻本质看语言学的过度附魅［J］.语言战略研究，2019，4（4）：60-73.

◆ 袁毓林.叙实性和事实性：语言推理的两种导航机制［J］.语文研究，2020（1）：1-9.

◆ 袁毓林."人机对话-聊天机器人"与话语修辞 [J].当代修辞学，2021（3）：1-13.

◆ 袁毓林.在人类生境约束下思考语言的设计原理和运作机制 [J].语言战略研究，2022a，7（6）：85-96.

◆ 袁毓林.基于认知并面向计算的语言学研究进路 —— 走向人文精神与科技理性的有机结合 [J].现代中国语研究，2022b（24）：15-29.

◆ Bakhtin, M M. Problem of Dostovsky's Poetics[M]. Ed. and trans. Caryl E. Minneaolis: University of Minnesota Press, 1984.

◆ Bishop C. 科学智能（AI4Science）赋能科学发现的第五范式 [EB/OL]. 微软研究院头条. https://mp.weixin.qq.com/s/o7LCvBFvHK_QD2XJYuISeQ[2022-07-07].

◆ Browning J, LeCun Y. AI and the limits of language: An artificial intelligence system trained on words and sentences alone will never approximate human understanding[EB/OL]. Noema. https://www.noemamag.com/ai-and-the-limits-of-language[2022-08-23].

◆ Hey T, Tansley S, Tolle K. The Fourth Paradigm: Data-Intensive Scitific Discovery[M]. Redmond, Washington: Microsoft Research, 2009.

◆ Mumford D. Pattern Theory: A Unifying Perspective. Perception as Bayesian Inference[M]. Cambridge: Cambridge University Press, 2015.

◆ Mumford D. Grammar isn't merely part of language[EB/OL]. https://www.dam.brown.edu/people/mumford/blog/2016/grammar.html[2016-10-12].

◆ Park S, Nie B X, Zhu S C. Attribute and-or grammar for joint parsing of human pose, parts and attributes[J]. IEEE transactions on pattern analysis and machine intelligence, 2017, 40(7): 1555-1569.

◆ Pinker S. How the Mind Works[M]. New York: W. W. Norton & Company, 1997. （中译本：史蒂芬·平克.心智探奇：人类心智的起源与进化[M].郝耀伟,译.杭州：浙江人民出版社,2016.）

◆ Pinker S. The Stuff of Thought: Language as a Window into Human Nature[M]. New York: Penguin Groups, Viking Press, 2007. (中译本：史蒂芬·平克.思想本质：语言洞察人类天性之窗[M].张旭红,梅德明,译.杭州：浙江人民出版社,2015.)

◆ Pinker S. The Blank Slate: The Modern Denial of Human Nature[M]. New York: W. W. Norton & Company, 2002. (中译本：史蒂芬·平克.白板：科学和常识所揭示的人性奥秘 [M].袁冬华,译.杭州：浙江人民出版社，2016.)

◆ Saba S. W. 重温三十年前对于 NN 的批判：神经网络无法实现可解释 AI [EB/OL]. 图灵人工智能. https://mp.weixin.qq.com/s/YIATTwrinWuNUH3mwZKFkQ [2022-09-27].

◆ SunCH. ChatGPT分析语言学经典例句 [EB/OL]. 语言与心智.https://mp.weixin.qq.com/s/dye1sQtlCRU9T05Hfm-Hdw[2022-12-09].

◆ Talmy L. Toward a Cognitive Semantics. Volume I: Concept Structure Systems. Volume II: Typology, and Process in Concept Structure[M]. Cambridge Mass.: MIT Press, 2000.

◆ Zador A, Escola S, Richards B, et al. Toward next-generation artificial intelligence: Catalyzing the neuroai revolution[J]. arXiv preprint arXiv:2210.08340, 2022.

◆ Zhu S C, Mumford D. A stochastic grammar of images[J]. Foundations and Trends in Computer Graphics and Vision, 2007, 2(4): 259-362.

詹卫东
如何评估机器的语言能力[①]

詹卫东，北京大学中文系教授，博士生导师，兼任北京大学中国语言学研究中心副主任、计算语言学教育部重点实验室副主任、计算语言学研究所副所长。主要从事现代汉语形式语法、语言知识工程与中文信息处理、语言文字应用方面的研究。

在以ChatGPT为代表的大语言模型（large language model，LLM）问世之前，自然语言处理（natural language processing，NLP）评测一直是以专门针对机器设计的独立任务或者若干个独立任务的组合形式来开展工作的[②]。前者相当于人类考试中单个科目的考试，后者相当于多个科目的联考。为测试计算机智能水平（包括语言能力）设计的测试项目五花八门，每个测试都有专门定义的数据格式，并不是用自然语言的方式跟计算机进行交互。这样的评测方式在ChatGPT出现之后可以说遇到了全新的挑战。ChatGPT是一个"通用"对话式人工智能，它不预设任务的类型和数据格

① 本文的研究工作得到教育部项目（22JJD740004）和科技部项目（2020AAA0106701）支持，特此致谢。
② 参见董青秀等（2021），该文对近年来NLP评测任务的发展情况和现存问题做了系统的介绍。

式，只要是以书面文本符号提出的问题，以人能看懂能接受的数据格式输入给它，它就能做出响应，按照人提出的要求输出回复。也正是因为如此，ChatGPT迅速"出圈"，成为一款普罗大众人人可以与之互动的爆款聊天AI，而不像之前分散应对各种NLP任务的程序，只是在小范围内由专业人员对程序的某项独立能力进行测试，比如测试一个机器翻译程序的翻译水平，测试一个自动文本摘要程序生成文本摘要的能力等。ChatGPT的问世引爆了新一轮的世界范围内的AI竞赛，多家企业和研究机构纷纷推出类似的LLM系统，如Google的Bard、Anthropic的Claude、百度的文心一言、科大讯飞的星火认知大模型、斯坦福大学的Alpaca、复旦大学的MOSS大模型，等等。伴随而来的，就有一个很显然的问题：如何评估这些LLM的语言能力？

2022年12月以来，我们对包括ChatGPT在内的多个LLM做了大量的测试。本文在此基础上，结合我们以往在NLP领域所做的机器语言能力评测研究经验，尝试对LLM的语言能力评测方法做初步的探讨。

LLM 的能力概览

不妨先看一下ChatGPT问世以后研究人员对LLM的测试方法的显著变化。这里举三个具有代表性的测试研究工作[①]：

（1）科辛斯基报告了LLM在心智能力（theory of mind，ToM）测试任务上的表现（Kosinski，2023）。该研究中采用的测试方法是心理学中经典的

---

① 2022年11月中旬，即ChatGPT官宣前半个月，斯坦福大学基础模型研究中心（CRFM）和人文人工智能研究所（HAI）联合发布了针对语言模型的整体评测方案，可参CRFM & HAI（2022）。

用于测试人类儿童认知水平的错误信念任务（false belief task）范式，具体包括20个意外收纳任务（unexpected contents task，UCT）和20个意外转移任务（unexpected transfer task，UTT）。测试对象是9个大语言模型，参照对象是人类儿童。测试结果显示：2020年之前的大语言模型（GPT-1、GPT-2等）没有表现出心智能力，而从2020年5月发布的GPT-3第一版（代号"davinci-001"）开始，大语言模型可以解决大约40%的错误信念任务，心智水平与3.5岁儿童的表现相当。之后2022年1月GPT-3第二个版本（代号"davinci-002"）发布，该模型可以解决70%的错误信念任务，水平与6岁儿童相当。2022年11月发布的GPT-3.5（代号"davinci-003"，也就是加载在ChatGPT系统中的大模型），可以解决90%的错误信念任务，达到7岁儿童的水平。2023年3月发布的GPT-4，解决了90%的UTT任务和100%的UCT任务，心智能力超过7岁儿童水平[1]。尽管作者并没有明确下结论说LLM已经有心智能力，但测试结果至少确凿无疑地表明了，LLM有类似人类儿童心智的能力——这种被认为是人类独有的能力。比这一发现本身更值得关注和引人深思的是：LLM的训练并不是以使它具有心智能力作为目标的。换言之，LLM在心智能力测试任务上的"惊人表现"，是一个意外！

（2）布贝克等用长达154页的篇幅，报告了对GPT-4早期内部版本的全面测试（Bubeck et al., 2023）。测试方式是参照心理学中的人类智力评价方法，从六个方面展开评估，即推理（reason）、计划（plan）、解决问题（solving problems）、抽象思维（thinking abstractly）、理解复杂想法

---

[1] 科辛斯基在2023年2月4日发表这篇文章的第一版，其摘要中写到：GPT-3.5在心智能力测试任务上的表现与9岁儿童可比。在3月份这篇文章的第三版修订中，对测试结果的描述修订为：GPT3.5的心智能力与7岁儿童相当，而GPT-4的心智能力超过7岁儿童。

（comprehending complex ideas）、快速学习和从经验中学习（learning quickly and learning from experience），每个方面都设计了大量问题来考察GPT-4的水平。该研究报告的结论正如标题所示：GPT-4擦出了通用人工智能（AGI）的火花。GPT-4显著超越了它的前辈（包括ChatGPT），展示出了人类水平的智能。实验显示，GPT-4能够完成语言、数学、编程、图像、医学、法律、心理学等多个领域的新颖而困难的任务。在上述智力测试的六个方面中，除了"计划"能力存在局限性（limitation），其他方面GPT-4都展示了与人类可比的水平。

（3）钟宛君等提出了一种不同于以往NLP测试任务的基准测试AGIEval：直接采用面向人的标准化考试（例如高考、法学院入学考试、数学竞赛和律师资格考试等）来评估LLM（Zhong，2023）。这项研究考察了GPT-4、ChatGPT和Text-Davinci-003等大模型在20种人类标准化考试上的表现。其中GPT-4的成绩最为抢眼，在SAT、LSAT和数学竞赛中的表现超过了人类的平均水平，在SAT数学测试中达到了95%的准确率，在中国高考英语测试中达到了92.5%的准确率[①]。这些成绩无疑展示了LLM的优异性能。同时，测试结果也显示LLM在复杂推理任务和领域知识任务中存在不足。

以上三个测试研究都直接借用了面向人类的考试内容，而不再是针对机器专门设计的测试任务。下面再看一个我们测试的实例[②]。这个例子属于传统NLP评测任务中文分词和词性标注以及信息提取任务的范畴。例中H

---

① 这是零样本学习（zero-shot）条件下的成绩。在小样本学习（few-shot）条件下，准确率为93.8%。

② 需要说明的是，本文以个案测试来定性地讨论LLM的能力及其局限。希望今后能发展出更多系统的上规模的测试任务，以支持定量评价。如无特殊说明，文中一般以我们与ChatGPT的对话来示例。

表示人类，M表示机器，下标表示对话轮（下同）。

例1：

H₁ 请对下面这段话进行分词和词性标注处理，词和词之间用"/"分开，每个词的词性标记写在"/"后面，再用一个空格跟下一个词分隔开。"1997年，我国物价总水平上涨幅度在前两年已经明显回落的基础上继续平稳回落，全年全国商品零售和居民消费价格比上年分别上涨0.7%和2.8%。其中10、11、12月份商品零售价格同比涨幅为-0.4%、-0.8%和-1.2%。"

M₁ 1997年/t，/w 我国/ns 物价/n 总/b 水平/n 上涨/v 幅度/n 在/p 前/f 两年/m 已经/d 明显/a 回落/v 的/u 基础/n 上/f 继续/v 平稳/a 回落/v，/w 全年/t 全国/ns 商品/n 零售/v 和/c 居民/n 消费/n 价格/n 比/p 上年/t 分别/d 上涨/v 0.7%/m 和/c 2.8%/m。/w 其中/r 10/m、/w 11/m、/w 12/m 月份/n 商品/n 零售/v 价格/n 同比/n 涨幅/n 为/w —/w 0.4%/m、/w —/w 0.8%/m 和/c —/w 1.2%/m。/w

其中，"t"表示时间词，"w"表示标点符号，"ns"表示地名，"n"表示名词，"b"表示区别词，"v"表示动词，"u"表示助词，"a"表示形容词，"p"表示介词，"m"表示数词，"d"表示副词，"c"表示连词，"r"表示代词，"%"表示百分号。

H₂ 1997年10月份商品零售价格是上涨了还是下跌了？

M₂ 根据所给的信息，"1997年10月份商品零售价格同比涨幅为-0.4%"，其中"同比"表示相比去年同期的涨幅情况，因为这里是负数，所以可以得出结论：1997年10月份商品零售价格下跌了0.4%。

H₃ 那为什么上面这段话又说全国商品零售和居民消费价格比上年分别上涨0.7%和2.8%呢？这个跟你说的10月份价格下跌不矛盾吗？

M_3 确实存在这样的矛盾。这可能是因为所提供的信息是从不同的角度和时间段来观察物价水平的，具体来说：

"全年全国商品零售和居民消费价格比上年分别上涨 0.7% 和 2.8%" 这句话是在比较 1997 年和 1996 年全年的数据，因此得出的是两年间整体价格水平的变化。

而 "1997 年 10 月份商品零售价格同比涨幅为 −0.4%" 这句话是在比较 1997 年 10 月份和 1996 年 10 月份的价格水平，因此得出的是两个时间点间价格水平的变化。因此，这两个观察角度所得到的数据在表达意义和数据数值上是不同的。

例中第一轮对话展示了 ChatGPT 非常准确地理解了任务意图，即对一段自然语言文本进行分词和词性标注处理，识别出文本中的词语单位，并在每个词语后面附上词类信息。这个任务在传统 NLP 中，被认为是中文信息处理的基础，即为了完成其他更贴近最终目的的任务（如机器翻译、信息提取、文本摘要等），都要机器先经过分词和词性标注处理。LLM 基本给出了接近全对的答案。只有 "为 /w" 标注为标点符号，以及把 "%" 也列在词性标记符号的说明部分，算是瑕疵。接下来的两轮对话是对这段文本中信息点的问答，ChatGPT 可以准确提取出文本中的数值并解释数值的含义（如是上涨还是下跌）。同时也准确地区分了按月表示的数值变化和按年统计的数值之间的差别。后两轮对话是面向实际应用的信息提取任务。但是是以自然对话形式进行的，而不是像传统 NLP 评测那样要求机器按照预定义输入输出数据格式来完成任务。值得一提的是，ChatGPT 在后两轮的对话中完成的信息提取任务，实际上并不显性地依赖于前面的分词和词性标注任务。这也是LLM不同于传统NLP程序之处，LLM对自然语言处理的方式，更接近普通人，而不是在模仿"专家"。普通人在完成信息提取任务（即解读文本中的关键信息点）时，并没有一个显性的可以察觉的分词和词性标注的过程。传统的分词和词性标注任务，实际上是假定人有这样一个隐式的内在过程，因此机器也应该模仿人，按照这个流程来做信息处理。但LLM的实践说明，这个过程并不需要。从这个意义上讲，LLM对传统NLP范式，也是颠覆性的技术创新。

在过去6个月，我们做了大量类似上面这样的测试，不仅涉及传统NLP评测范式中的很多任务如句法结构分析、语义角色分析、篇章指代分析、机器翻译、文本生成等等，而且也包括许多语文学和语言学、数学和逻辑推理、生活常识、伦理、空间认知、时间信息理解、幽默故事理解等多个特定领域的测试。在许多情况下，LLM都能做出比较好的回答。机器生成文本的自然流畅度、衔接逻辑性、文本结构安排的条理性等等，都让人不得不感叹：机器"懂人话"了。LLM能很好地理解人类问题的意图，并在给定输入条件下，选择符合人类预期的答案输出，且可以保证对话多轮连贯而不"断片"。从人机对话的使用体验角度讲，大大超越了以往的聊天机器人（chatbot），实现了革命性的飞跃。

LLM语言能力的局限性

面对ChatGPT如此惊艳的语言能力和智力表现，网上甚至出现ChatGPT已经通过图灵测试（Turing，1950）或者在ChatGPT时代图灵测试已经过时的说法。那么，事实到底如何？人类是否有足够清晰的指标来评价机器的智能？上一节我们概要介绍了三个严肃的测试研究，在高度肯定ChatGPT

和GPT-4的智能表现的同时，也都指出了LLM的不足。这里我们再展示一些测试的实例，这些测试中LLM的糟糕表现跟它的优异表现同样令人惊讶。

例2：

H_1 Please translate the following sentences into Chinese.

（1）The pen was in the box.

（2）The box was in the pen.

（3）The used box was in your pen.

（4）Little John was looking for his toy box. Finally he found it. The box was in the pen. John was very happy.

M_1（1）钢笔在盒子里。

（2）盒子在钢笔里。

（3）旧盒子在你的钢笔里。

（4）小约翰正在找他的玩具盒子。最后他找到了。盒子在钢笔里。约翰非常高兴。

上面的机器翻译测试句是以色列著名学者巴尔-希勒尔（Yehoshua Bar-Hillel）在1960年的一篇论文中举的例子，当时他用这些例子来说明全自动高质量机器翻译难以实现。因为pen有"钢笔"和"围栏"两个意思，而这两个意思在具体句子中该如何选择，取决于世界知识。机器难以掌握世界知识，因而在翻译时无法做出正确的选择。显然，历经60年的发展，尽管在机器翻译方面LLM可以说已经取得了惊人的进步，但ChatGPT仍然在这组经典例句面前败下阵来。

例3：

H_1 请把下面的句子翻译成英文：

（1）拿破仑说"不想当将军的士兵不是好士兵"。

（2）拿破仑说"不想当将军的土兵不是好士兵"。

（3）拿破仑说"不想当将军的世乒不是好世乒"。

M$_1$（1）Napoleon said, "A soldier who doesn't want to be a general is not a good soldier."

（2）Napoleon said, "A table tennis player who doesn't want to be a general is not a good table tennis player."

（3）Napoleon said, "A table tennis player who doesn't want to be a general is not a good table tennis player."

例3是一个"恶作剧"式的测试。要求ChatGPT翻译的三个句子中，第一句是正常的，第二句和第三句中，"士"换成了"土"或"世"，"兵"换成了"乓"或"乒"。但ChatGPT在面对这个翻译任务时，并不会"察觉异样"，仍然"尽心尽力"地履行了译员的职责。

例4：

H$_1$ 中文数字一万两千八写成阿拉伯数字应该怎么写？

M$_1$ 中文数字一万两千八应该写成阿拉伯数字为12 008。在中文数字中一万表示10 000，两千表示2 000，八表示8，将这些数字相加即可得到答案。

例4测试ChatGPT对中文数字表达形式的理解能力，这是一个常识知识。"一万两千八"是12 800的简略说法，完整形式应该是"一万两千八百"，这里省去了最后的位数词"百"。我们做了很多同类测试，比如"三百八"，ChatGPT会转写为阿拉伯数字形式"308"，说明对这类问题，它是系统性地缺乏知识。

例5：

H$_1$ 请为下面句子补出后一部分，使得整句成为一个歇后语。

（1）猪八戒照镜子，_____。

（2）大水冲了龙王庙，_____。

（3）孔夫子搬家，_____。

M₁（1）猪八戒照镜子，里外不是人。

（2）大水冲了龙王庙，一家人不认一家人。

（3）孔夫子搬家，尽是书。

H₂ 请为下面句子补出前一部分，使得整句成为一个歇后语。

（1）_____，两头受气。

（2）_____，愿者上钩。

（3）_____，两面光。

M₂（1）夹在中间的黄瓜，两头受气。

（2）兔子不撒野，愿者上钩。

（3）泥菩萨过河，两面光。

　　例5用填空题形式测试了GPT-4关于汉语歇后语的知识。第一轮问答中，要求GPT-4补出歇后语的后半部分，其表现可以打满分；而第二轮问答中，要求改为填补歇后语的前半部分，结果则让人大跌眼镜。我们很难明了其中的确切原因。增加更多的测试，GPT-4都会出现同样的错误，即补出后半句毫无困难，但补出前半句则判若两人，几乎全错①。

　　限于篇幅，这里不再举更多例子。很多人在跟ChatGPT对话后，会得

---

① 目前的LLM都是通过预测下一个字符（next token prediction, NTP）来进行学习的。从前往后"生成"字符对LLM来说比较自然，而从后往前生成字符是逆向生成。也许这是GPT-4在歇后语填空任务上表现糟糕的原因。我们测试中有不少任务会把同样的问题交给不同的LLM来回答。GPT-4在所有问题上的表现都是最好的。GPT-4答不好的问题，其他LLM的表现一般都更差。

出一个共同的印象，尽管ChatGPT"懂"的事情不少，回答人类提问可以滔滔不绝，口若悬河，但也常常出现所谓的"幻觉"，即"一本正经地胡说八道"。上面的测试也展示了LLM的这个"特点"。粗略来说，就像例3"恶作剧"式测试所显现的，ChatGPT实际上在"懂"和"不懂"两个维度上是很不对等的，即它的学习更多地侧重在"懂"什么，而对自己不"懂"什么，像是处于"一无所知"的状况。图灵测试的原名是"模仿游戏"（imitation game），即让计算机来模仿人，看看能否骗过人类的审查。图灵的高明之处，从某种意义上说，是用"欺骗"的效果来代替智能测试。而我们在测试LLM时，则常常会有一个感觉，就是即便ChatGPT已经如此强大，但人要去"欺骗"它，也并不十分困难。也许，能够更好地分清"懂"和"不懂"的界限（甚至达到"懂"装"不懂"的境界），才能让ChatGPT离达到图灵测试的要求更近一些。

关于LLM语言能力评估方法的讨论

面向ChatGPT的语言能力评估，显然应该从ChatGPT这类LLM的工作原理[①]出发来设计更具针对性的任务。从本质上讲，ChatGPT是通过观察线性字符串，以"预测下一个词（NTP）"自监督学习范式来捕捉海量语料中字符的分布规律。据我们观察和测试，机器的学习方法在目前看来存在三个值得关注的问题：（1）LLM的基本符号单元（token）跟人类字符没有很清晰的对应关系；（2）LLM学到的"知识"大体上对应到乔姆斯基（Noam Chomsky）文法体系中的3型文法（Chomsky，1959），也即线性正则文法

---

① 可参考Wolfram（2023）。

（regular grammar）的层次，由于没有真正达到2型文法（而计划能力的实质正是2型文法所代表的层次嵌套的符号处理能力），LLM无法具备真正意义上的计划能力，只能用超长的线性接续来模拟计划能力（但因为ChatGPT坐拥1750亿超大规模参数加持，使得网络中几乎穷尽了已知的全部线性字符序列模式）；（3）目前深度学习模型对于"意义"的假设，都遵循"意义即分布"的信条。机器通过对海量语料中字符的分布模式进行学习，从而在语言行为表现上，似乎掌握了词语的"意义"，但是，"意义即分布"这个假设，还需要更深入的研究和更大数据的考验。

针对这三个问题，我们认为，面向LLM设计语言能力评测任务，就要突出对其基本字符处理能力的考察，对其计划能力的考察，对其理解超分布意义能力的考察。下面各举一个实例来展开说明。

例6：

H_1 下面这个字符串里有几个字符？其中有几个数字：ABC123909a888bc

M_1 这个字符串总共有13个字符。其中有6个数字，分别是1、2、3、9、0和8。

H_2 那有几个字母呢？

M_2 这个字符串中有7个字母。字母是指拉丁字母A到Z（不区分大小写）。在给定的字符串"ABC123909a888bc"中，字母是A、B、C、a、b和c。

H_3 请问下面两个符号表达式中分别有几个/和\

（1）/\/\\

（2）\\\/\

M_3 表达式（1）中：/的数量为3，\的数量为4。

表达式（2）中：/的数量为4，\的数量为3。

　　像例6这样的测试我们做了多次，无论是对英文字母还是中文字符，LLM都无法数清楚字符的个数。这里展示的是与GPT-4的对话，前两轮对话中的字符串一共是15个字符，其中包含6个字母、9个数字。GPT-4虽然列出了字符，但字符计数都是不对的。第三轮对话中两个字符串正斜杠（／）和反斜杠（＼）个数一样多，但GPT-4给出的答案两次都不一样。这种情况并不是偶然的，基于字符计数的任务，包括字符匹配（如左右括号匹配）类的基础性字符处理任务，同时也是对人而言非常简单的任务，对于GPT-4来说，目前还做不好。

　　例7：

H₁ 下面这个句子开头的两个词是"喜欢我"，结尾的两个词是"我喜欢"。

　　喜欢我的人不代表一定会被我喜欢。

　　请仿照这个形式生成一个句子，要求开头的两个词是"讨厌你"，结尾的两个词是"你讨厌"句子长度不能少于20个字，句子意思要完整合理。

M₁ 根据你的要求，我生成了一个句子，满足开头的两个词是"讨厌 你"，结尾的两个词是"你 讨厌"，同时句子长度不少于20个字且意思完整合理：

"讨厌你的行为与态度会导致别人讨厌你，但你讨厌的人并不代表一定会被你讨厌。"这个句子保持了和给定形式的相似性，同时传达了一个合理的意思。请注意，生成的句子是一种构造，它可能不是一个常见或典型的表达方式，但在语法和语义上是合理的。

　　例7是一个典型的在生成文本时需要"计划"的任务。人的要求是句子以"讨厌你"开头，并以"你讨厌"结尾。虽然在形式上GPT-4的生成符合要求，但因为加了这个限制，GPT-4就难以生成意思合格的句子，句子后半部分"你讨厌的人并不代表一定会被你讨厌"显然不合逻辑。按照乔姆斯基形式文法体系中对语言层次嵌套性的观点，人在面对例7这样的任务时，会假设句子是通过层次嵌套的方式展开的：既可以从前往后按自然顺序生成下一个字符，也可以从后往前，或者在两头确定的情况下，在中间插入字符。这就是所谓的"计划"，即在开头的同时，也想好结尾[①]，在首尾呼应的前提下，再逐步去针对开头和结尾分别做扩展，使句子拉长，而不是始终按照线性方式，从头开始顺次往后生成下一个字符。

例8：

H_1　下面两句话描述的空间场景是否相同，如果不同，是哪里不同？

（1）她看到枪身后那个带着稚容的枪手，正恐惧不安地看着她。她缓缓地回过头，朝着面前带着潮气的泥土，深深地吸了一口气，慢慢闭上了眼睛。

（2）她看到枪身后那个带着稚容的枪手，正恐惧不安地看着她。她缓缓地回过头，朝着身后带着潮气的泥土，深深地吸了一口气，慢慢闭上了眼睛。

M_1　这两句话描述的空间场景是不同的。主要的区别在于她朝向泥土的方向。在第一句话中，她朝着"面前"的泥土，即她面对着泥土。而在第二句话中，她朝着"身后"的泥土，即她背对着泥土。这是两句话之间的空间场景差异。

例8是一个典型的需要调动空间认知功能来理解表层语言符号意义的例子。两句话中只有"面前"和"身后"两个词不同，但在这两句所描述的整体空间场景中，"面前"和"身后"两个词自身的语义差异消失了，两句

---

① 按照这种生成策略生成的符合例7任务要求的句子示例："讨厌你迟迟不表态，害得大家错过了最佳时机，我想当着全班同学的面说你讨厌。"

话可以表达相同的空间场景。句中"回过头"这个转向动作是关键的影响因素，第一句中是"面前的泥土"，这样表述参照的时点是"回过头之后"，第二句中是"身后的泥土"，这样表述参照的时点是"回过头之前"。在句子表层上的形式差异是"面前"和"身后"，但这个表述上的差异，却并不是空间信息的不同，而是对应的叙事时间参照点的不同。这种深层的"语义"，并不是靠神经网络观察和记录语言符号的"表层分布"，就能捕捉到的。不出意料，GPT-4也没有理解这两个句子"表层形式"之外的语义，而是根据用词的不同，判断句子中"她"的朝向不同。像例8这样的测试，我们已经在SpaCE2023中文空间语义理解评测任务[①]中进行了尝试。我们认为，这是今后对LLM展开语言能力测试一个重要的研究方向。要充分挖掘自然语言中蕴藏的丰富的"深层"认知语义，超越一般形式分布层面的语义，由此构建更多的具有一定规模的数据集，来测试LLM的认知语义理解能力。

　　上面三个例子，可以说都是针对的LLM自身的知识能力问题。我们在测试过程中还有一个非常突出的感受是，LLM的可靠性或者说是稳定性也是特别值得关注的问题。从评测的角度讲，应该发展出一些比较系统的方法，来评估LLM的稳定性。这是超越知识能力的方面。我们初步尝试了一种可以称为"自问自答"的生成与理解对攻测试的任务模式。其基本理念是：让LLM先扮演"教师"角色，来出考题（并配有答案A1），然后再让LLM扮演"学生"角色，来回答自己出的考题（得到答案A2）。如果LLM是稳定的，那么A2跟A1应该完全匹配，反之，如果A2跟A1不一致，就可

---

① 参看詹卫东等（2022）。

以说明LLM是不稳定的。下面是一个例子：

例9：

第一阶段：生成两段文本T1和T2，它们形式有差异，表达空间场景相同。

H₁ 请写一段话，其中包含人或物的空间场景信息。这段话中必须包含"进去"这个词。然后把这段话拷贝一份，再将拷贝后的文本中的"进去"替换成"上去"。要求前后这两段文本中涉及到的人、物对应的空间场景相同。也就是说，尽管两段话中有一处词语差异，"进去"和"上去"是不同的，但整段话所描述的空间场景却是相同的。

M₁ 当小明走到那座古老的木屋时，他感到一阵神秘的气息。他轻轻推开门，小心翼翼地进去，发现里面摆满了各式各样的陶罐和古董。木屋中的一盏昏黄的灯光透过灰尘闪烁着，给这个神秘的空间增添了一丝诡异的魅力。

当小明走到那座古老的木屋时，他感到一阵神秘的气息。他轻轻推开门，小心翼翼地上去，发现里面摆满了各式各样的陶罐和古董。木屋中的一盏昏黄的灯光透过灰尘闪烁着，给这个神秘的空间增添了一丝诡异的魅力。

第二阶段：给定T1和T2，判断T1和T2表达的空间场景是否相同，并说明理由。

H₁ 下面两个句子大部分词语都是相同的，只有一处不同。请分析这两个句子是否能用来描述完全相同的空间场景。请先回答"能"还是"不能"，然后说明理由。

（1）当小明走到那座古老的木屋时，他感到一阵神秘的气息。他轻轻推开门，小心翼翼地进去，发现里面摆满了各式各样的陶罐和古董。木屋中的一盏昏黄的灯光透过灰尘闪烁着，给这个神秘的空间增添了一丝诡异的魅力。

（2）当小明走到那座古老的木屋时，他感到一阵神秘的气息。他轻轻推开门，小心翼翼地上去，发现里面摆满了各式各样的陶罐和古董。木屋中的一盏昏黄的灯光透过灰尘闪烁着，给这个神秘的空间增添了一丝诡异的魅力。

M₁　不能。这两个句子不能用来描述完全相同的空间场景，原因在于"进去"和"上去"这两个词的含义不同。

在第一个句子中，"小心翼翼地进去"表示小明走进了木屋内部。而在第二个句子中，"小心翼翼地上去"可能表示小明向木屋的楼上或者台阶上行走。所以，虽然两个句子中的其他部分相同，但这一关键动作的差异使得它们描述的空间场景不同。

例9中的两段对话，第一段是生成任务，由GPT-4扮演教师，让它来设计两段文本，形式有别，但表达的空间场景相同。类似例8中"面前"和"身后"这样的关系，不过这里比较的方位义词语换成了"进去"和"上去"。在GPT-4完成生成文本任务之后，再以这两段文本为题，出一道判断题，让它来判断这两个文本是否能表达相同的空间场景并解释原因。结果GPT-4的回答把自己之前出题时的判断否定了。这就是明显的自相矛盾，即系统内部不稳定性的表现。

除例9这类空间场景理解任务，我们还尝试了中文分词歧义任务和近义词辨析任务。在分词歧义任务中，先由LLM按照指定的交集型歧义字符串

（如"即使用"）生成具有分词歧义的一对句子，再由 LLM 来给出两个句子中的分词结果（如"即使＋用"vs"即＋使用"）；在近义词辨析任务中，先由 LLM 按照指定的两个近义词（如"一再"和"再三"）生成一对句子 A 和 B，其中 A 句中包含的近义词不能替换为 B 句中包含的近义词，反之亦然，再由 LLM 来完成填空题，将 A、B 句中的近义词遮蔽后让 LLM 来恢复。从实验效果来看，不是太理想，原因是这两类任务对于 GPT-4 来说，都算是高难度的，在生成阶段 GPT-4 也很难生成都符合要求的句子。这就无法达到测试 LLM 稳定性的目的了。这种测试方式的挑战在于找到合适的生成任务。这个任务对 LLM 来说最好比较简单，有很高的正确率，这样才能批量出考题，再将考题交给 LLM 作答，测试其两次答案的一致性。限于篇幅，这里不再展开讨论。

结语：透过 LLM 认识人类语言的性质

以 ChatGPT 为代表的 LLM 首次展示了计算机通用对话程序的强大语言能力，它们的表现超越了以往的程序，进入到了"懂人话"并能流畅"说人话"的境界。这也引发了如何评测 LLM 的问题。本文讨论了评估 LLM 语言能力的方法，这是关于 How 的问题。在文章最后，我们进一步来探讨关于 Why 的问题，即评价 LLM 语言能力的根本目的为何？对此，有两点认识值得强调：

（1）对 LLM 语言能力的评估非常有必要——因为 LLM 可能在一些重要能力上还不够完美。

正如前文已经举例展示过的，尽管目前 LLM 已经见多识广，能说会道，但仍然存在不少显而易见的缺陷，包括没有完成复杂任务必需的"计划"

能力，简单的字符计数任务都难以胜任等等，这种表现（performance）层面的巨大冲突，意味着对 LLM 能力的评测仍然非常有必要。因此，在原来传统的 NLP 评测范式基础上，我们尝试了一些新的评测任务，试图在试题难度方面，以及考察的特定能力方面，对 LLM 更有针对性地进行考察。此外，还尝试了一种构造评测任务的新模式：自问自答的生成与理解对攻测试方法，希望能为测试 LLM 的可靠性和稳定性提供参考。

（2）对 LLM 语言能力的评估实际上是在反观人类自身——因为人类还没有真正理解自然语言。

ChatGPT 的"能说会道"和"胡说八道"，集于一身，向我们展示了"语言"和"思维"（或者说是"知识"）明显分离的一种关系。这不得不促使我们反观自然语言，反思语言学界的主流认识，特别是乔姆斯基关于语言与思想关系的论述（Chomsky, 2021, 2022）。我们可以肯定机器并没有思想，但现在机器却能表现出跟人类相当的语言能力（可能还超过不少个体的人）。那么，该如何看待这种语言能力呢？乔姆斯基举过两个对比的例子："The mechanic who fixed the car carefully packed his tools" 和 "Carefully, the mechanic who fixed the car packed his tools"（Chomsky, 2021, 2022）。前者有歧义，后者无歧义，ChatGPT 可以对这两个句子的结构做出准确的区分，并给出句子意思的恰当解释。ChatGPT 在谈论这两个句子的句法结构和语义时，它的表现简直就像是一位语言学教授。无怪乎著名计算机科学家沃尔弗拉姆（Stephen Wolfram, 2023）在深入剖析 ChatGPT 后表示："我强烈怀疑 ChatGPT 的成功暗示了一个重要的'科学'事实：语言意义的结构和简洁性超出我们所知——语言的组织可能是很简单的规则。"面对 ChatGPT 所表现出的惊人能力，任何一个人类评价者，可能都无法再像以往对待 NLP 程序那样，只是出一套测试题，然后再给程序打个分就完事了。ChatGPT的得分无论是高还是低，似乎都已经不再重要。因为像ChatGPT这样的通用对话程序，它已经不需要一个分数来证明自己。数以亿计的活跃用户早已证明了它的价值和成就。由此自然产生的问题就是：对像ChatGPT这样的LLM进行语言能力评测，到底是在评测什么？评测的最终目的是什么？

我们的立场仍然是从语言学角度来回答这个问题。评测LLM的目的，本质上是帮助我们重新审视以往人总结的语言知识，更深入地去思考语言"形式"和"意义"的对应关系。像例8那样的语言现象，超越了深度学习模型奉为圭臬的"意义即分布"假设，ChatGPT和GPT-4就都无法准确理解。不过，当GPT-4去生成具有同类语言现象的句子时，它反馈的结果中却也有让人不禁拍案叫绝的佳作。请看：

例10：

H₁ 请写一段话，其中包含人或物的空间场景信息。这段话中必须包含"前"这个词。然后把这段话拷贝一份，再将拷贝后的文本中的"前"替换成"下"。要求前后这两段文本中涉及到的人、物对应的空间场景相同。也就是说，尽管两段话中有一处词语差异，即"前"和"下"是不同的，但整段话所描述的空间场景却是相同的。

M₁ 原文：在这个宽敞的图书馆中，一位年轻女孩安静地坐在书架前，认真阅读着一本书。

拷贝文本：在这个宽敞的图书馆中，一位年轻女孩安静地坐在书架下，认真阅读着一本书。

H₂ 请写一段话，其中包含人或物的空间场景信息。这段话中必须包含"走到最里面"这个词。然后把这段话拷贝一份，再将拷贝后的文本中的

"走到最里面"替换成"走到最前面"。要求前后这两段文本中涉及到的人、物对应的空间场景相同。也就是说，尽管两段话中有一处词语差异即"走到最里面"和"走到最前面"是不同的，但整段话所描述的空间场景却是相同的。

M₂ 原文：在这个宽敞的超市里，顾客们可以在琳琅满目的商品中挑选自己喜欢的东西，当他们走到最里面，便能发现一个美食区，提供各种美味的熟食和甜点。

拷贝文本：在这个宽敞的超市里，顾客们可以在琳琅满目的商品中挑选自己喜欢的东西，当他们走到最前面，便能发现一个美食区，提供各种美味的熟食和甜点。

平心而论，对于例10中人类提出的可谓"刁钻"的问题，即便是语言学专业人士，恐怕也要费神思考半天才可能得出答案。GPT-4生成的文本，不仅在形式上完全符合要求，而且在语义上也经得起推敲。很容易让人觉得，机器具有了"空间想象力"或者"空间思维能力"，要不然它怎么能像人一样，凭空写出两段形式有别的文字，并勾勒出同一幅空间场景图呢？当然，这里展示的只是少数GPT-4的佳作，对于同样的任务，它也会产生大量的"胡言乱语"。如果曝光这一类结果，可能就会很容易地把我们推向对待LLM态度的另一端：它们是完全跟智能无关的只不过更大号的随机鹦鹉（stochastic parrots）①。

机器到底是真的理解人类语言，还是表现得像是理解了人类语言？对这一问题的持续争论，在ChatGPT问世后并没有平息，反而可能因为它在

---

① "随机鹦鹉"用来讽刺ChatGPT等大语言模型并不理解真实世界，只是像鹦鹉一样随机产生看起来合理的字句。

语言行为上落差更大的表现而加剧了分歧。看到 ChatGPT 完美回答的人会不由自主地认为它具有了真正的语言理解力，而看到 ChatGPT 满嘴跑火车的表现时又会断言它只不过是拾人牙慧地记住了更多的字符串。

我们认为，只有在人类自己真正解开了语言之谜后，才会有真正科学的答案。探索 LLM 语言能力评测方法，正是追寻答案，在 AI 时代推进语言学研究的一条上佳途径。从这个意义上讲，作为语言学研究者，我们特别欢迎 LLM 的到来，并期待有更多更强大的 LLM 问世。透过 LLM，我们可能有更多机会去洞察自然语言的本质。如果站在"传统"语言学的固有立场，贬低或者无视 LLM 取得的惊人成就，对语言学的发展大概只有害处而并无益处，毕竟，目前还没有任何一个基于"传统"语言学或者人类语言知识调教的 NLP 程序，在通用语言能力上可以跟 ChatGPT 们相提并论。

参考文献

◆ 诺姆·乔姆斯基，司富珍，时仲，等.读懂我们自己：论语言与思想 [J].语言战略研究，2022，7（6）：56-72.

◆ 詹卫东，孙春晖，岳朋雪，等.空间语义理解能力评测任务设计的新思路 ——SpaCE2021 数据集的研制 [J].语言文字应用，2022（2）：99-110.

◆ 董青秀，穗志方，詹卫东，等.自然语言处理评测中的问题与对策 [J].中文信息学报，2021，35（6）：1-15.

◆ Bar-Hillel Y. The present status of automatic translation of languages[J]. Advances in Computers, 1960, 1: 91-163.

◆ Bommasani R, Liang P, Lee T. et al. Holistic Evaluation of Language Models[J]. Annals of the New York Academy of Sciences, 2023, 1: 140-146.

- Bubeck S, Chandrasekaran V, Eldan R, et al. Sparks of artificial general intelligence: Early experiments with gpt-4[J]. arXiv preprint arXiv: 2303.12712, 2023.

- Chomsky N. Minimalism: Where are we now, and where can we hope to go[J]. GENGO KENKYU (Journal of the Linguistic Society of Japan), 2021, 160: 1–41.

- Chomsky N. On certain formal properties of grammars[J]. Information and Control, 1959, 2(2): 137–167.

- Kosinski M. Theory of mind may have spontaneously emerged in large language models[J]. arXiv preprint arXiv: 2302.02083, 2023.

- Turing A M. Computing machinery and intelligence[J]. Mind, 1950, 49: 433–460.

- Wolfram S. What is ChatGPT doing... and why does it work？[M]. Wolfram Media Inc., 2023.

- Zhong W, Cui R, Guo Y, et al. Agieval: A human-centric benchmark for evaluating foundation models[J]. arXiv preprint arXiv: 2304.06364, 2023.

赵世举

ChatGPT 对人的语言能力和语言教育的挑战及应对策略^①

赵世举，武汉大学文学院教授，人文社会科学研究院驻院研究员，国家语委咨询委员。主要从事汉语言文字、语言政策与规划、语言传播等研究。

ChatGPT的面世，无疑是近期惊艳世界的大事件。它引爆了人工智能领域新一轮的激烈赛跑。不仅ChatGPT很快推出升级版，而且行业巨头纷纷跟进，推出各自的系统。例如谷歌的Bard、科大讯飞的星火、百度的文心一言、华为的盘古模型、阿里的通义、复旦的火星、腾讯的混元，等等，不胜枚举。这类以大语言模型为主要支撑的"生成式人工智能"逐步走向应用，对人类语言生活乃至整个人类社会的诸多方面正在产生广泛而深刻的影响，也在挑战人的语言能力，随之也对现行的语言教育带来挑战。相关的许多问题值得深思，并亟须探寻相应对策。

---

① 本文发表于《长江学术》2023年第4期。

ChatGPT 与语言的不解之缘

ChatGPT 的基本依托是计算机和网络。计算机和网络与语言（包含文字，下同）的血肉联系是不争的事实，这就从根本上决定了 ChatGPT 与语言的不解之缘。它所具有的大语言模型性质就充分表明了这一点。不只如此，ChatGPT 又进一步深化了这种密切联系。ChatGPT 作为大语言模型，从其依托基础和构架设计，到内部运行机制和产出，无不与语言息息相关。主要表现在如下方面：

它运用语言技术来建构，并借助海量文本语料来学习、训练和不断改进；

它利用语言与人实现交互；

它借助浩瀚的文本资源和强大的语言文字信息处理能力来组织回应内容，其基本机理是，自动学习文本数据中的语言模式和规律，并根据上下文信息，组合产出跟输入文本相匹配的输出文本，以回应使用者提出的各种需求；

它使用语言输出自然、连贯、合乎一般逻辑的文本，以呈现回应结果；

它追求的最高目标是让机器像人一样自如地使用和理解语言。

……

由此可见，ChatGPT 如果离开了语言，将不复存在。

可以预见，ChatGPT 的逐步应用和进化，必将对跟语言相关的方方面面产生巨大的影响，乃至进一步改变语言的性质、功能和应用。事实上，随着计算机和网络技术的不断发展及广泛应用，语言已经被再赋能，并在事实上被再定义。显而易见的是，语言已经由人际交流工具，拓展为人机交流工具和机机交流工具；由现实空间使用，拓展到虚拟空间和虚实交融空间使用。由此带来的是，语言在更大的空间和更多的场域发挥越来越大的作用。

当今的"语言"已非昔比，其内涵和外延可简示如下：

可以相信，随着 ChatGPT 等"生成式人工智能"（其实，叫"合成式人工智能"更切合其现实性质，因为"生成"一般都是内生性的，而 ChatGPT 目前只是对已有文本信息进行整理，最终合成一个回应文本，不具备内生性）技术的不断发展，语言的内涵和功用必将不断得以丰富。

ChatGPT 进一步改变语言生活

正是由于 ChatGPT 等生成式人工智能与语言的不解之缘，随着各种"生成式人工智能"技术的逐步应用和通用人工智能的来临，人类的语言生活也在改变。主要表现是：

（1）语言使用主体增添了新角色。有史以来，只有人是自然语言的主人和使用者。计算机和网络的发明，让机器也开始学习和使用自然语言。过去，计算机的自然语言使用，基本上是被动的，缺乏自主性，使用能力也非常有限。但 ChatGPT 等生成式人工智能，则将机器使用自然语言的能力大大提升了一步，体现出一定的自主性，而且在使用能力的某些方面超过了人类。机器的主体性在增强，正在成为不可忽视的自然语言使用主体角色之一。由此世界的主客二元社会结构也随之在改变。

（2）机器语言应用更加广泛。随着 ChatGPT 等生成式人工智能的不断改进和逐步成为公共基础平台，机器语言应用将日益成为社会生活的重要组成部分。机器语言作品和机器话语与人的语言应用将高频交互和深度交融，成为人类社会语言生活中的新景象。

（3）语言使用场域更加广阔。生成式人工智能的平台化和广泛应用，犹如给语言插上了新的翅膀，必将助推语言使用以新的面貌更加广泛而深入地走进人类生活和工作的方方面面。语言的功用更加增强，其社会价值进一步提升。

（4）文秘事务有了智慧代理。ChatGPT 等生成式人工智能的最突出优势，就是几乎能够处理任何跟语言相关的一般性事务。无论是应用文书撰写、一般秘书事务处理、文字编辑、广告等设计，还是文学创作等，都可随时交给 ChatGPT 等办理，从而使人从繁杂的文案中解放出来。

（5）语言学习乃至任何知识获取和书籍阅读更加智能化、更加高效率。在线智能化学习和阅读将"大行其道"，可充分享受定制化、个性化的一对一学习和知识咨询及问题解答服务。智慧教育必将随之兴旺。

（6）语言信息资源分析能力增强。以语言文字为载体的各种信息呈爆炸式增长，人处理浩瀚语言文字信息资源的任务日益艰巨，而 ChatGPT 则为人高效而深入地分析语言文字信息资源，提供了强大的工具，大大增强了人分析和利用语言文字信息的能力。

（7）跨语言交流更加便捷。有消息称，ChatGPT 已能处理100多种语言，可为跨语言交流提供强大的平台和工具，使跨语言交流和多语应用更加高效和便利。

（8）语言产业迎来新契机。ChatGPT 等生成式人工智能具有基础平台和广域工具的性质和功能，应用前景十分广阔。可利用其平台和工具，提升传统语言产业效能，开发语言产业新领域、新业态。

（9）语言服务更加智能、便捷、高效。ChatGPT等生成式人工智能可促进语言服务的转型升级，在语言服务的体系化、多样化、个性化、精准化、智能化、可及性等方面大有作为。可为用户提供更加优质和高效的语言服务体验。

（10）语言学术有了更强大的工具和手段。利用ChatGPT等生成式人工智能协助科研活动，可在文献的穷尽搜罗和已有研究成果的全面获悉、各种相关信息的整理和分析、疑难问题探讨、文本撰写等方面提质增效。

（11）语言信息真伪识别更加困难。由于ChatGPT等生成式人工智能生成的回应，都是基于它可获取的现有语言信息资源，其真伪未知，也难以了解其具体语境，因此使得通过生成式人工智能获得的文本信息，难辨真伪，使用风险大。这是亟待解决的一个重要问题。

ChatGPT 对语言能力的挑战及应对

ChatGPT与语言的不解之缘及其对机器语言能力的快速提升、对人类语言生活的改变，无疑对人的语言能力带来了挑战。

普遍认为，"人工智能就是让机器具有人类的智能"（邱锡鹏，2023）。其核心就是要实现让机器能自如地学习和掌握自然语言，并用自然语言思考和表达。ChatGPT等大语言模型，目前已经实现了部分功能，而且某些方面已经大大超越了人的语言能力。例如文本信息搜集整理和综合归纳能力、文本阅读速率、语言学习能力、文本编辑能力、文本组合生成能力、语言翻译速率等，都已经令人自愧不如。过去很多需要人处理的跟语言文字相关的工作，都可以交给机器完成。显而易见，ChatGPT等生成式人工智能最为突出的功能就是超强的语言运用能力。这无疑对人的语言能力形成了严峻挑战。而语言能力是人区别于其他任何事物的一个最根本因素，是人最基础、最核心、最重要的能力和素质之一，也是人的基本能力和基础素质的综合体现。因此，当人的语言能力受到挑战，无疑会在一定程度上危及人的生存根基。正因为如此，ChatGPT 等生成式人工智能的横空出世和不断进化，使得许多人产生生存危机，担心会被机器取代和控制。就现阶段的技术来看，尽管不必那么恐惧，但积极采取应对之策，保持和开拓超越机器的能力，以适应"人机共生"的社会生活，更好地生存和发展，势在必行。

要应对机器对人的语言能力的挑战，有必要从两个方面入手：

其一，在基本的语言能力层面"挖潜提能"。即挖掘人的语言潜能，强化和发展机器难以超越的语言能力。语言能力的基本要素，一般认为包括"听""说""读""写"，也有人增加"译"。此外，"思"，即运用语言进行思维，也应该是语言能力的核心要素之一。由于信息化的发展和机器语言能力的提升，在"人机共生"的社会环境下，这些语言能力要素的内涵和外延，都在发生变化，生活和工作对人的语言能力的要求也在提高。因此，为了适应未来生活，人必须努力强化自己的基础语言能力，尤其要努力强化和培养机器难以超越的语言能力。其中增强"思"的能力当是主要方面，即不断提升运用语言进行思维认知的能力、相应的知识生产能力和创意能力，以保障在与机器的共处竞争中立于不败之地。

其二，培育拓展新的语言能力。ChatGPT 等生成式人工智能技术的发展，促使社会的数智化程度不断加深，"人机共生"社会扑面而来。在新的社会环境中，智能机器正在成为社会角色，主客二元社会结构在改变，"人—类人机器—物"三元鼎力正成为社会新形态，人对机器的依赖程度在加深，因此学会与类人机器共处协同，将是人迎接未来的必备能力。与此相应，也需要有关的语言能力随之跟进。主要有如下方面：与机器交流的能力，甄别和利用机器语言信息的能力，发展"机器语言能力"的能力，掌控"机器语言伦理及安全风险"的能力，创新大语言模型的领域化和个性化应用的能力等等。

以上只是主要就个人语言能力而言的，那么，ChatGPT 等生成式人工智能技术的发展，对国家语言能力有哪些挑战？国家语言能力建设需要怎样应对相关挑战？这也是需要研究的重大现实课题，我们将另做讨论。

语言教育革新势在必行

从 ChatGPT 等生成式人工智能与语言的不解之缘、ChatGPT 等对语言生活的改变和对语言能力的挑战可以看出，培养人适应"人机共生社会"生存和发展的语言能力，已经迫在眉睫。这自然也对当今的语言教育从理念、目标，到内容、方式和手段提出了挑战。

然而，相对于社会发展和科技进步而言，语言教育相对滞后，与语言生活变革和语言需求形成巨大反差。语言和语言教育未能得到相关方面的重视，社会的语言意识也普遍淡薄。举例来说，风靡全球的 STEM 教育〔科学（science）、技术（technology）、工程（engineering）、数学（mathematics）〕，宣称其核心理念在于培养学生的综合素养、促进人全面发展、提升人的全球竞争力，然而未将语言纳入其中。后来又增加了艺术（arts），扩展为 STEAM 教育，也无语言身影。其实，语言是人的基础素养、核心能力、全面发展的必备要素。语言能力的强弱，直接影响人的综合素养和全面发展能力，理应纳入人的核心素养教育。

在我国教育体系中，语言教育七零八落，没有形成各学段有机衔接的语言教育体系。就连在中小学的语文教育中，语言也被轻视，语言知识讲授和语言能力训练往往被置于次要位置，有时几乎"无语"。有限的语言教学实践中，教育理念和内容也普遍陈旧，大多偏重于一般性语言知识，缺乏与时俱进的语言素质和能力的培养，更遑论适应数智化社会需要的语言教育了。因此，为了顺应数智化社会发展，提高国民语言素质和国家语言能力，必须改革语言教育。以下几个方面需要着力：

（1）转变语言教育观念。着眼数智化社会的各种语言需求，更新语言观、语言能力观和语言教育理念。

（2）重构语言教育体系。改变语言教育支离破碎状况，从全面培养人的语言素质和能力的需要出发，构建目标明确、分段实施、有机衔接、完备高效、适应未来的语言教育体系。

（3）调整语言教育目标。改变语言知识教育取向，以培养人适应"人机共生社会"的综合语言素质和语言能力为核心追求。

（4）更新语言教育内容。着眼语言功能的新拓展和"人机共生社会"对人的语言能力的新要求，把机器语言教育和人机交流能力等纳入语言教育内容之中。

（5）革新语言教育方式方法和手段。充分利用信息技术和人工智能技术等新的科技手段，不断改进语言教育的方式方法和手段，提高语言教育效率和质量。

总之，ChatGPT 等生成式人工智能对人的语言能力和语言教育的挑战是显而易见的、全面而深刻的。可以预言，随着相关技术的不断改进升级，人工智能影响的广度和深度还会提升。我们必须积极应对，充分享用其利、智避其害，增强自我，自信自如地融入"人机共生社会"，更加"诗意地栖居"。

ChatGPT现象凸显语言学十大议题（代后记）

ChatGPT是一种基于深度学习的大型语言模型，能够生成流畅、连贯、有逻辑的文本。ChatGPT的出现引发了语言学界的广泛关注和讨论，也提出了一些新的问题和挑战。我们基于本书总结出ChatGPT现象所凸显的语言学十大议题。

第一，语言学（家）的反思。ChatGPT是否绕过了乔姆斯基乃至整个语言学界？ChatGPT是否对语言学和语言学家构成了挑战？语言学家如何通过人机协作来探索语言之谜？语言学是否能够用现有的理论和框架来解释和评价ChatGPT的表现，还是需要发展新的理论和框架？语言学是否应该关注ChatGPT的内部机制和原理，还是只关注其外部表现和效果？这些问题都需要语言学家们进行深入的反思和探索。本书中与这个议题相关的有李斌和张松松、李佳、李昱、陆俭明、施春宏、石锋、徐杰等诸位学者的观点。

第二，语言发展或习得。ChatGPT的出现让我们重新思考人类如何习得语言，以及与之相关的因素和机制。ChatGPT是通过大量的文本数据来训练和优化自己的模型，从而达到对话或聊天的目的。这种方式是与人类习得语言的方式相似，还是有本质的不同？大型语言模型是否证伪了语言先天论、语言习得装置、刺激贫乏假说等？是否证明了基于使用的理论、统计或概率学习模型、领域通用认知机制等？大型语言模型是否可以作为人类语言认知的严肃理论或模型？这些问题都需要语言学家们进行比较和分析。本书中与这个议题相关的有安德鲁·兰皮宁、巴勃罗·卡伦斯、陈浪、冯志伟、莫滕·克里斯蒂安森等诸位学者的观点。

第三，语言学习或教学。ChatGPT 的出现让我们重新思考如何利用 ChatGPT 来促进或改善人类的语言学习或教学，以及可能存在的优势和风险。ChatGPT 是否能够作为一种有效的语料库或参考资料，为人类提供丰富、多样、真实、有趣的文本或对话？ChatGPT 是否能够作为一种有效的辅助工具或合作伙伴，为人类提供及时、准确、个性化、互动性的反馈或指导？ChatGPT 是否能够作为一种有效的评估工具或标准，为人类提供客观、公正、全面、灵活的评价或建议？ChatGPT 是否也存在一些潜在的问题或危险，如误导、欺骗、抄袭、依赖、失真、失控等？这些问题都需要语言学家们进行实验和评估。很多期刊如《语言教学与研究》《世界汉语教学》《外语电化教学》等都发表了相关文章。本书中与这个议题相关的有蔡薇、崔希亮、胡加圣、胡壮麟、维维安·埃文斯、亚历克斯·曼戈尔德、赵世举等诸位学者的观点。

第四，一种新的语言变体。ChatGPT 的出现让我们重新思考 ChatGPT 生成的文本是否构成了一种新的语言变体，以及与自然语言的异同和关系。ChatGPT 生成的文本是否具有一定的特征、风格、偏好和倾向，能够被视为一种语言变体并区分于其他的语言变体？ChatGPT 生成的文本是否具有一定的影响力、传播力、接受度和认同度，能够与其他的语言变体交流或互动？ChatGPT 生成的文本是否也存在一些问题或局限，如歧义、冗余、不连贯、不合理等？ChatGPT 生成的文本会对人类自然语言造成什么影响？如何评估聊天机器人的语言能力？这些问题都需要语言学家们进行描述和比较。本书中与这个议题相关的有杰弗里·巴格、姚洲、詹卫东、赵世举等诸位学者的观点。

第五，反观人类语言的本质或原则。ChatGPT 的出现让我们重新思考人类语言本身的特点和价值，以及人类语言相对于 ChatGPT 的差异和优势。人类语言是否具有一种独特的符号能力，能够用有限的符号来表达无限的意义，而不仅仅是一种统计或概率的结果？人类语言是否具有一种独特的推理能力，能够用逻辑或证据来支持或反驳一个观点，而不仅仅是一种关联或相似度的结果？人类语言是否具有一种独特的创造能力，能够用想象或联想来产生或理解一个新颖或隐喻的表达，而不仅仅是一种模仿或重组的结果？人类语言是否具有一种独特的情感能力，能够用语言来表达和理解喜怒哀乐或善恶美丑等情绪或态度，而不仅仅是一种模拟或匹配的结果？这些问题都需要语言学家们进行探究和评价。本书中与这个议题相关的有巴勃罗·卡伦斯等（统计学习能力）、梅兰妮·米切尔（理解能力）、姚洲（推理能力）、詹卫东（统计学习能力）等学者的观点。

第六，语言与思维的关系。ChatGPT 的出现让我们重新思考语言与思维之间的关系。ChatGPT 证明语言和思维是同一的还是可分的？语言是思维的表达，还是思维的构成？思维是语言的基础，还是语言的结果？是语言能够影响思维，还是思维能够影响语言？ChatGPT 是否具有真正的思维，还是只是一种算法？ChatGPT 是否能够通过语言来改善自己的思维，或者通过思维来改善自己的语言？ChatGPT 是通过语言来影响人类的思维，还是被人类的思维影响？机器人语言如何编码甚至放大了人类语言和思维中的固有偏见（如性别歧视）？这些问题都需要语言学家们进行分析和探讨。本书与这个议题相关的有凯尔·马霍瓦尔德、袁毓林、詹卫东等学者的观点。

第七，语言和文化的多样性。ChatGPT 的出现让我们重新思考语言与文化之间可能存在的相互影响和冲突。ChatGPT 能够适应不同的语言和文化，还是只能适应某些特定的语言和文化？ChatGPT 能够促进不同的语言和文化之间的理解和尊重，还是造成更多的误解和偏见？此外，ChatGPT 虽然是个多语天才，但一方面，这些强势语言是单文化的（英语文化）；另一方面，它进一步威胁到了弱势语言的生存，语言学家应该如何应对这些挑战？这些问题都需要语言学家们进行研究和对比。本书与这个议题相关的有吉尔·雷特伯格、饶高琦等学者的观点。

第八，交流的多模态。ChatGPT 的出现让我们重新思考交流的多模态性。交流是只依赖于语言，还是也依赖于其他的模态，如副语言和非语言（如动作、表情）？不同的模态之间是协作和互补，还是竞争和冲突？不同的模态是适用于不同的场景和目的，还是通用的和可替代的？ChatGPT 能够像人类一样高效处理不同的模态，还是只能适应某些特定的模态？这些问题都需要语言学家们进行考察和评估。本书与这个议题相关的有陈浪、沈威、亚瑟·格伦伯格等学者的观点。

第九，语言的具身性。ChatGPT 的出现让我们重新思考语言的具身性，以及可能存在的影响和挑战。语言只是一种抽象的符号系统，还是也是一种具体的行为活动？语言只与大脑相关，还是也与身体相关？语言只受到认知的制约，还是也受到生理的制约？ChatGPT 是具有一种虚拟的"身体"，还是只有一种虚拟的"大脑"？ChatGPT 能够通过"身体"来表达或理解语言，还是只能通过"大脑"来表达或理解语言？这些问题都需要语言学家们进行探索和验证。本书与这个议题相关的有马克斯·卢韦斯、亚瑟·格伦伯格等学者的观点。

第十，符号推理能力。在符号交际过程中，演绎、归纳尤其是溯因（或因果）等推理能力发挥着重要作用，但目前人工智能还无法完美模拟人类的溯因推理能力。ChatGPT是否具有真正的推理能力，还是只是一种表面的推理能力？ ChatGPT是否能够通过溯因推理等方式来进行较为复杂的交际？这些问题都需要语言学家们进行测试和比较。本书与这个议题相关的有罗仁地、姚洲等学者的观点。

总之，ChatGPT的出现给语言学界带来了新的机遇和挑战，以上汇总的语言学十大议题涉及语言学的方方面面，需要语言学家们从不同的角度进行深入的研究和讨论，以期能够更好地理解和利用ChatGPT，也能够更好地理解和探索人类语言的奥秘。

对了，这篇后记由杨旭和ChatGPT共同撰写：杨旭基于此书做了梳理，ChatGPT进行了扩充。